与最聪明的人共同进化

HERE COMES EVERYBODY

原来，变聪明这么简单！

Ten Ways to Build a Brilliant Brain

[英]
妮古拉·摩根 著
Nicola Morgan
[菲]
里莎·罗迪尔 绘
Risa Rodil
李若辰 译

浙江科学技术出版社·杭州

你知道如何让大脑变得更聪明吗?

扫码加入书架
领取阅读激励

- 大脑内部有痛觉吗?（　　）

  A. 有

  B. 无

- 简单来说，学习就是大脑通过在神经元之间建立连接，让信息可以在神经网络之间快速传递的过程。以下哪项不能帮助大脑建立神经连接?（　　）

  A. 坚持不懈地尝试和练习

  B. 观察别人做事

  C. 做白日梦和胡思乱想

  D. 刷手机

扫码获取全部测试题及答案
一起了解大脑学习的秘密

- 大脑重量占身体的 2%，所以它每天消耗的能量占比也是 2% 吗?（　　）

  A. 是

  B. 否

扫描左侧二维码查看本书更多测试题

目录

序章

认识你的大脑

本书中介绍的 10 种方法，会教你打造出绝顶聪明的大脑。

别看大脑好像只是一团湿漉漉、软塌塌的东西，但就是它，能让你行动、思考、感受，并在此基础上成就自己，成为一个了不起的人。你的大脑可是很神奇的存在！

下面哪些是你通过大脑已经在做的事？

移动、看、尝、闻、听、
感受、爱、做梦、期盼、交朋友、
听音乐、艺术创作、做计划、
设计海报、装饰手账、写字、打字、
使用刀叉、制作物品、演奏乐器、
跳舞、跳跃、奔跑、抓握、踢打、弯腰、
倒立、操作电脑、阅读和创作故事，
天马行空地想象，
掌握一些知识，
记住你的过去

未来，你的大脑还会帮助你掌握更多的本领。

这本书会用最好玩的方式，带你轻松获得升级脑力的知识和技能。

人的一生要经历无数选择。有些选择是正确的，有些可能是错误的。这本书里的知识会帮助你做出更好的选择。如果你的选择是错的，也没关系：再试一次，让自己朝着正确的方向慢慢发展，正所谓“不积跬步，无以至千里”。

在这本书里，你还会发现一些专栏：

神奇大脑冷知识

可以分享给家人朋友，让大家惊叹不已的冷知识。

脑力开发小妙招

可以激发大脑潜能，提升脑力，让你更舒适愉悦的小技巧。

答疑解惑云课堂

我会回答与你同龄的小伙伴们提出的一些问题。

脑力开发小妙招

准备一个笔记本，记录下这本书里的所有活动，并记下你学到的知识。给本子起个专属名字，比如“我的神奇大脑百科全书”。你还可以按照自己的想法装饰它。

你的大脑就是你

你脑中的一切决定了你是谁。虽然胳膊、腿、眼睛和耳朵也都很重要，但是缺少了四肢或五官，你依然是你。而大脑就不一样了，这里储存着你所有的记忆、能力、思想、情感、希望、梦想和好恶。当你说“我觉得”、“我感觉”或者“我喜欢”的时候，这些都来自大脑，也正是这些构成了独特的你。

你的大脑需要你

大脑会陪伴你度过这漫长的一生，所以你肯定希望它能运转良好。当大脑运转良好的时候，你的感觉会更好，当你感觉更好时，你会更容易实现自己的目标。在本书里，我会教你一些简单的技巧，让大脑更好地运转，还会告诉你需要尽量避免的事情。只有你能照顾好自己的大脑。大人有时候能帮帮忙，但是最终的选择权和行动权在你的手中。

准备好迎接挑战了吗？你一定可以的！因为你已经在读这本书了！

脑力开发小妙招

当你感到开心和兴奋的时候，学习会变得更加轻松高效。同时，说出来的话会坚定你的信念和想法。所以，你可以大声说：“我现在感到很开心、很兴奋，因为读这本书会让我的大脑更聪明。”坚定自信地多说几遍吧！

就像教练在比赛前会给运动员鼓劲儿那样，在处理一个新任务之前你也可以给自己加油。每天早上醒来的时候，试着对自己说：“今天对我的大脑来说是崭新的一天，我们来学点新东西吧！”

脑力开发小妙招

写下 3 件你一直想做但现在还做不了的事情。想一想，怎样才能完成这些事情呢？是要勤学苦练什么技能？是缺少决心、运气或其他人的支持？还是所有这些？像这样想清楚，可以帮助你一步一步实现目标。

这本书的方法适用于所有人吗

人类的大脑有很多相同点，也有很多不同点。如果一个人在掌握某个很平常的技能时感到格外困难，即使是有很好的老师指导，自己也很努力，却还是怎么都学不会，那么他可能就是一个“神经非典型性者”。如果你发现有那么一件或者几件事情，你的朋友们都能够轻松做到，对你来说却非常困难，那么你可能就是一个“神经非典型性者”。

了解自己很重要，如果你是“神经非典型性者”，那么你就可以采取行动、寻求帮助。比如，你可以换一种新的教学模式，或者投入更多时间、寻求更多支持。此外，当你认识到大脑运转的方式是多种多样的时，就会开始理解和尊重自己的大脑，帮助它更好地为你所用。

“神经非典型性者”的大脑也可以拥有独特的超能力。有的人可能在阅读写作上有困难，却拥有超凡的记忆力，或者能画出绝美的图画，或者能进行复杂的心算。

每个人都是不同的个体，但“神经非典型性者”与其他人的差异更为显著。他们在生活中的某些方面可能会遇到困难，但有时也有特别的优势。下面是一些常见的“神经非典型性者”的例子：

- 阅读障碍（Dyslexia）：在阅读和写作的某些方面有困难。
- 运动障碍（Dyspraxia）：在用手写字、系鞋带、保持条理和计划上有困难。
- 孤独症谱系障碍（Autistic Spectrum Disorder，ASD）：难以理解和正确回应他人；在日常习惯发生改变时有焦虑感；对噪声、光和触摸有强烈反应。
- 注意缺陷多动障碍（Attention Deficit Hyperactivity Disorder，ADHD）或注意缺陷障碍（Attention Deficit Disorder，ADD）：难以集中注意力或难以安静地坐着。

这本书里的知识适用于所有人，任何人都可以用这 10 种方法打造出聪明的大脑！

我们为什么需要大脑？

我们现在能做的所有事情都是因为拥有大脑！没有大脑，我们就什么都不能做、什么都不能想、什么都感受不到了。

了解
大脑的基本知识

关于你脑袋里
这坨 1.5 千克重的东西，
有太多精彩的知识可以让我们了解啦！
学习这些知识不仅有用，
还很有趣哦！

人类的大脑：那些相同与不同之处

人类的大脑与行为息息相关。大脑中用于语言表达的部分非常发达，让我们能够思考、交流、创造和共情。

每个人的大脑又是独一无二的，就连同卵双胞胎的大脑也不完全一样。他们的大脑会比普通人之间更相似，但是不同的经历和想法造就了他们大脑的差异。

认识到每个人的相同之处和不同之处是非常重要的。你是人类的一员，但你也是你，独一无二的你。

神奇大脑冷知识

所有以 neuro 或 neur（神经）开头的词都跟大脑有关，比如 neuroscience（神经科学）就是研究大脑的科学。你知道 neurosurgery 是什么意思吗？

一颗神奇的大脑：阿尔伯特·爱因斯坦

阿尔伯特·爱因斯坦是世界上最聪明的科学家之一。在他去世后，他的大脑被托马斯·哈维医生偷走了。哈维医生给这颗大脑拍了照片，还把它切成了 240 块，供自己和后世的科学家做研究。

有科学家发现，爱因斯坦的大脑和普通人的大脑可能存在细微差别。但是这很难被证实，因为爱因斯坦的大脑是在他去世多年之后才被仔细研究的，当时存储条件很糟糕，甚至有人说是被浸泡在酿苹果酒的桶里！并且也没有人把他的大脑和其他聪明人的大脑进行比较，来研究他们的大脑是否有着相同的生理特点。

到目前为止，我们已经无法确定爱因斯坦超强的思考能力，是因为他大脑的生理构造跟别人明显不同，还是他用独特的方式让自己的大脑变得聪明，又或者是他运用大脑的方式可能让大脑发生了某些生理变化。

大脑最重要的组成部分

大脑中不同的部分负责各种不同的事情。

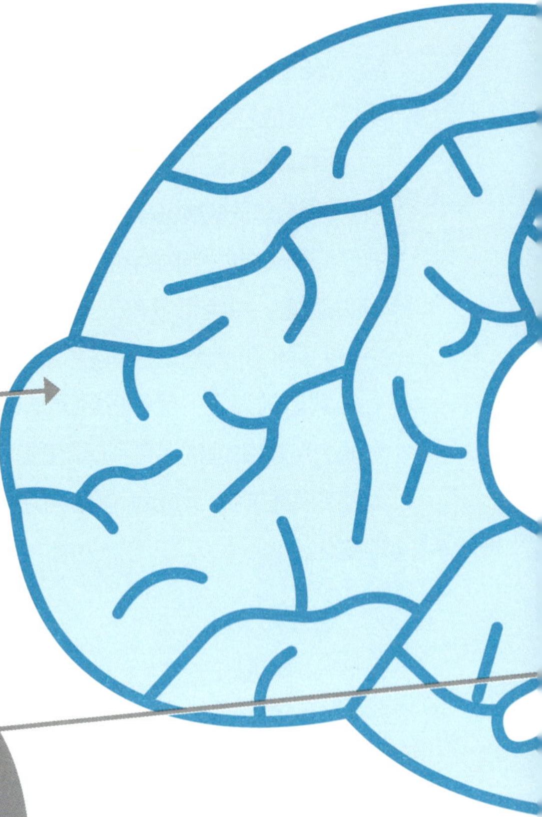

前额叶皮质

位于额头后边，通常被称为“控制中心”。人们用它来做出重要的决定、解决问题，以及控制冲动等。相比其他动物，人类大脑的这个部分非常发达。

杏仁核

你听说过“战斗、逃跑或僵死”反应吗？也称“应激反应”。当大脑觉察到危险时，杏仁核里就会发生这种反应。对古人类来说，杏仁核帮助他们警惕危险的狮子、蛇或者敌人。如今，现代人也经常要面对不同的威胁：考试、表演、面对指责或者担忧，跟别人吵架、获得成功的压力，等等。如果杏仁核过于活跃，人就会感到压力过大或者过度焦虑。 在第 10 章里，我们会学习怎样应对压力带来的一系列问题。

海马

最近经历的事情和信息都会首先由大脑内的海马接收和处理。如果在接下来的时间里，这些信息没有被遗忘，它们才会到达大脑的其他区域，并储存在长时记忆中。

边缘系统

它深藏在大脑的内部，包含很多区域，负责那些你没办法控制的事情，比如情绪、冲动、诱惑、愉悦感、食欲、记忆。边缘系统产生的情绪让我们想要去做很多事情，而前额叶皮质却在努力让我们做正确的事情。杏仁核和海马也是这个系统的一部分，它们都特别重要！

小脑

把手指放在脑袋后面、靠下方的位置：这里就是小脑。“小脑”的字面意思就是“小脑子”，因为它看起来就像是一颗缩小的脑子。它的主要功能是协调身体动作。

脑干

小脑下方、头和脖子连接的地方，就是脑干。它控制着你的呼吸和心跳等生理反应。

大脑的左右两个半球

大脑一分为二的两个部分，被称为左脑半球和右脑半球。左脑半球控制着右侧身体，右脑半球控制着左侧身体。身体每一侧的感觉器官（眼睛、耳朵、鼻孔、皮肤、手指）独立地获取信息，然后由大脑来接收和处理。

大脑的两个半球非常相似，但又不完全一样。每个半球里都有着大脑的几乎所有组成部分。比如，脑中有两个杏仁核和两个海马。但是，左右两个半脑在体积和形状上有一些细微的区别，而且有些大脑活动在一边比另外一边更活跃，或者在两边活动的情况略有不同。

举例来说，大部分人主要用左脑来处理语言信息，但是这些信息在两个半脑之间传递的速度太快了，所以不论你在做什么，你一直都在同时使用两个半脑。大脑的这种运作方式是你没法选择的哦！

神奇大脑冷知识

大脑并没有痛觉，我们可以不使用麻药、完全清醒地经历一场自己大脑的外科手术，且不会感到任何疼痛。但头骨是会感觉到疼痛的，所以当外科医生把它钻透的时候，需要麻醉一下。

为什么
我们会头痛呢？

尽管大脑本身没有痛觉，但是头骨和大脑之间的部分是有痛觉的。头痛有可能是因为疲惫、用眼过度，或者饥饿、口渴、压力、发热等，也有可能是感冒导致的。这些头痛很常见，通常不会对身体造成伤害。

但头痛也可以非常严重。如果你的头痛伴随下面任何一种情况，一定要马上告诉大人：最近伤到了头部或者脖子；感觉恶心想吐；转动脖子的时候感觉很困难或很疼。

保护你的大脑

大脑是非常珍贵的！没有大脑，我们就无法生活，而且我们不能给自己换一颗大脑。脑损伤一般涉及神经元以及神经连接的损坏。有脑损伤的病人就无法顺利完成损伤的脑组织所负责的活动了，或者做起来感觉很困难。比如说，如果一个人负责移动右脚的脑结构受到了损伤，他的右脚可能就不能动了；如果一个人识别面部特征的脑组织受到了损伤，他可能就没法辨认出别人的面孔了。

一般情况下，病人可以在康复理疗师的帮助下恢复这些损伤的技能。儿童比成年人恢复起来更容易。

保护大脑小贴士

1. 当你在骑车、攀岩、玩滑板，以及打板球和棒球这种硬邦邦的球时，记得戴上头盔。
2. 不要买二手头盔。如果你的头盔被大面积磕到或撞到过，一定要换新的。这听起来挺浪费，但它保护的可是你的生命和健康。
3. 不要和体型跟你相差太多的运动员一起做有身体碰撞的运动。要在有专业教练和严格监管的俱乐部训练。如果撞到了头，一定要告诉大人。
4. 在橄榄球场上，避免用头顶球。因为反复碰撞可能会导致大脑受伤。
5. 进行有规律的运动，选择健康的食物，照顾好心脏和血液系统。
6. 远离酒精和毒品。

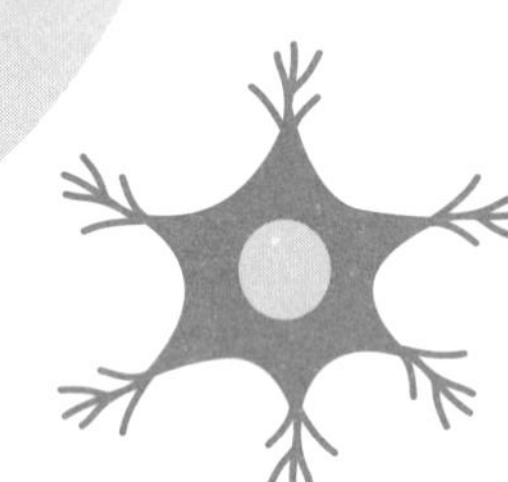

你学到了什么

你已经学到了很多关于大脑的有趣的知识，也了解了人类大脑的相同和不同之处。大脑让我们每个人成为独一无二的自己。大脑在我们的脑袋里，也在“我们的手中”，我们可以做很多事情来让它更健康、更灵活。

来看看打造聪明大脑的第一种方法吧！

增加
神经元的连接

要点前瞻

学习任何一门知识或熟练掌握一种技能，都需要大脑将许许多多神经元连接起来，形成神经网络。这些神经元也就是大脑和脊髓里的神经细胞。这一章我们会介绍如何在神经元之间建立强大的连接，打造出更加聪明的大脑！

WHAT YOU NEED TO KNOW
你需要知道的知识

大脑的可塑性

科学家认为，大脑会随着新的学习和经历产生生理上的变化，像做模型用的陶泥一样可以被重塑。每天都弹钢琴或者读书的人，他们的大脑跟其他人的大脑不一样。

我们头脑和身体的每一次活动，都会在神经细胞之间建立起新的连接，或者加强已有的连接。这种神经细胞就是“神经元”。而对于那些你很少做的事情，神经元之间就不会建立起连接或者已经建立起的连接得不到强化。

假设在某个假期，你每天都玩两个小时电脑游戏，整个假期都没有读书或者练习颠球，那么你大脑里和玩游戏相关的连接就会变多、变强。那些你之前已经建立的关于读书和颠球的连接就会变弱，你不再擅长这些事情。这时候你就需要通过练习，再把它们“捡”起来，你的大脑就会重新建立起这些连接。

我们每一天都会做上千件事情，冒出上千个想法，也会经历上千种体验。每一件都会让大脑发生一点点改变，甚至在你读这句话的时候，大脑就在发生着变化。

我们从出生开始，每长大一岁，都会掌握许多新技能，这正是大脑的神经元一直在建立和加强神经连接的结果。无论是身体活动，比

如系鞋带、踢球、敲鼓和画画，还是思维活动，比如记住法国的首都是巴黎、做过的事情、心算数学题以及发挥想象力，每一次练习都在创造着神经元之间的连接，这样的练习会帮助我们持续地改变自己的大脑。

大脑是如何帮助我们学习的?

简单来说，学习就是大脑通过在神经元之间建立连接，让信息可以在神经网络之间快速传递的过程。在这一章我们会详细讲解哦!

神奇大脑冷知识

你或许听说过这样的话，我们大脑里的神经连接比宇宙里的星星还要多。但实际上，谁也不知道宇宙里到底有多少颗星星，也没有人知道大脑里到底有多少个神经连接！大脑里有多达 1 000 亿个神经元，每个神经元上都有上千个神经连接，因此应该有差不多 100 万亿到 1 000 万亿个连接。至于宇宙里到底有多少颗星星，你会发现不同的计算方式得出的数字相距甚远，不过常见的估计是 100 000 亿颗；还有一种说法是“无数颗”！所以那个说法十有八九不是真的。

成长型思维模式和固定型思维模式

思维模式是人的一系列信念。塑造我们思维模式的是身边的人、经历的事情和自己的想法，思维模式是可以改变的。

不同的思维模式会产生不同的认知。比如，当遇到失败的结果，你觉得是运气决定的，还是通过后天的努力可以改变的？再比如，对于自己擅长或者不擅长做的事情，你觉得是注定如此、无法改变，还是能通过行动去改变？

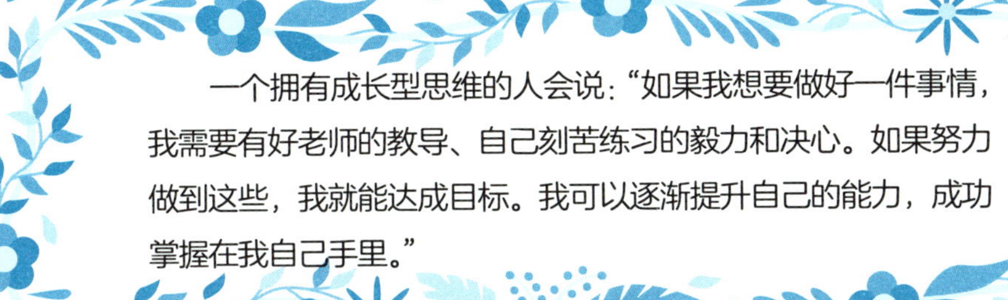

一个拥有成长型思维的人会说："如果我想要做好一件事情，我需要有好老师的教导、自己刻苦练习的毅力和决心。如果努力做到这些，我就能达成目标。我可以逐渐提升自己的能力，成功掌握在我自己手里。"

一个拥有固定型思维的人正相反，他们会说："我擅长和不擅长的事情都是我生而有之的能力或者弱点。它们就是那样的，没办法改变。"

成长型思维会让你对未来更有信心，也更相信成功的可能性。这并不是相信自己什么都能做好，因为谁也不是无所不能的。但相信你自己能做的还有很多，这可以帮助你保持动力和决心，而这就是成功的前提。

脑力开发小妙招

写下 5 条你在两岁的时候做不到但现在对你来说轻而易举的事。

写下 5 条你希望在以后能做到的事，并写下为了做到这些事你还需要做什么，然后决定从哪儿开始尝试。

快点行动起来吧！

MINDSET QUIZ

思维模式小测试

让我们来做个小测试，看看现在的你是更偏向拥有成长型思维模式还是固定型思维模式吧！（别忘了：思维模式是可以改变的。）

阅读下面的陈述，选出每组中你最认同的选项。

1. 当我犯错误时

A. 当我犯错误时，我会感觉很沮丧，觉得自己永远做不好一件事。我还是应该只做自己擅长的事情！

B. 当我犯错误时，我会感觉沮丧，但我很快会把错误抛到脑后，并且感觉自己更有勇气努力尝试。

C. 当我犯错误时，我一点儿也不在乎！这只能说明我缺乏这项技能，没什么大不了的。

2. 我班上的同学

A. 别人有些事情做得比我好，是因为他们在这方面有天赋。

B. 别人有些事情做得比我好，是因为他们的家长给足了他们鼓励和支持。

C. 别人有些事情做得比我好，是因为各种各样的原因，但我只在乎自己能通过努力取得进步。

3. 得到别人的反馈

A. 我希望对方把注意力放在我的优点上并且只表达赞美。

B. 我真的不会注意到赞美，只留心对我的负面评价。

C. 赞美当然好了，但是我想有所进步，所以更希望知道自己做错了什么。

4. 我的愿望

A. 我希望自己有更多时间和精力来练习那些我想要做好的事情！

B. 我希望自己生来就天赋异禀，做什么事儿都不费劲。

C. 我希望自己有更多毅力和决心来坚持练习，但是我经常半途而废。

5. 我的未来

A. 我认为我的未来掌握在自己手里。尽管会遇到挫折，但机会还是很多的，我只需要留心寻找。

B. 我不觉得我的未来会有什么惊喜，因为我身上的问题太多了，所以我只能随遇而安。

C. 我对未来充满信心，因为我是个很幸运的人，所以有一大堆机会在前面等着我呢。

6. 完美主义

A. 如果我不能把一件事做得特别好，那应该再稍微尝试一下，还不行的话就放弃去做点别的。

B. 如果我不能把一件事做得特别好，那是因为我在这方面没天赋，所以再努力也没什么意义了。

C. 如果我不能把一件事做得特别好，那是因为我目前还没有获得这项能力。如果我坚持努力就会取得进步。

7. 很简单的事情

A. 当一件事情对我来说很简单，我很开心，因为不用费劲努力了！我会满足于做到这个程度。

B. 当一件事情对我来说很简单，我会觉得无聊，就想去迎接更难的挑战。

C. 当一件事情对我来说很简单，我会为自己的聪明感到骄傲。

算一算你的得分吧

每组陈述中都有一个是“最佳答案”，选了这条你会得到 3 分，表示你具有成长型思维。另外几个答案的情况各不相同：有的得分是 0（表示有固定型思维），有的得分是 1（表示有一点点固定型思维，但依然有成长型的迹象，可以好好培养）。

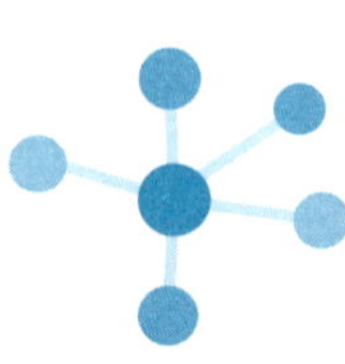

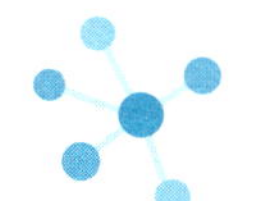

1. A: 0 B: 3 C:0
2. A: 0 B: 1 C:3
3. A: 0 B: 0 C:3
4. A: 3 B: 0 C:1
5. A: 3 B: 0 C:1
6. A: 1 B: 0 C:3
7. A: 0 B: 3 C:1

你的得分意味着什么

14～21分：你有很强的成长型思维！你相信通过自己刻苦努力、认真聆听他人和不断练习想掌握的技能，你很可能会获得成功。

7～13分：你处在中间地带。可以看一看哪些问题你得分是0或者1，哪些问题你得了3分。不过至少你有一题选的是成长型思维，这很棒哦。你可以试着在生活中通过每次练习一条成长型思维的答案来修炼自己。

0～6分：你的答案暗示着你的固定型思维模式很可能在阻碍你的发展，但你可以改变它。你不需要自己完成这个历程，身边的大人可以帮助你，问问他们，怎样才能树立起自信心。学校教育通常也在努力激发你的成长型思维，所以你可以和老师们聊聊。

这一章的内容旨在培养并增强你的成长型思维模式，你应该已经认识到通过努力可以把事情做得更好。现在来看看怎样把认知付诸行动吧！

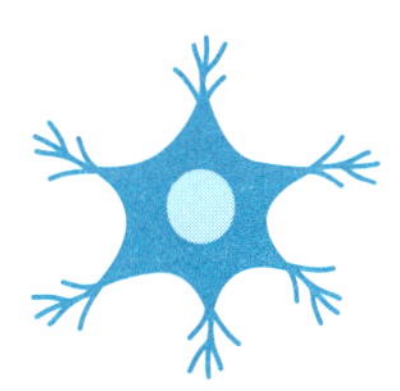

HOW TO USE THIS KNOWLEDGE
怎样把这些知识用起来

明白了在大脑中建立连接的重要性之后，你该如何实现它呢？想法越多，尝试的越多，大脑就会学习和提高得越快。

如何建立神经连接

尽管你可能完全没有意识到，其实你从一出生就在做这件事情了。一旦知道了其中的原理，就获得了更多掌控感。想到自己的大脑正在建立神经连接，你一定会感觉特别棒！

用下面这些方法让大脑更好地建立神经连接吧。

1. 坚持不懈地尝试

不论你在学什么，这个方法都非常管用：比如事实性知识、单词拼写、数学、音乐，以及包括运动、艺术和手工制作在内的所有身体技能等等。你的每一次尝试都在建立新的或者加强已有的神经连接。

脑 力 开 发 小 妙 招

当老师或者教练演示如何做事情时，注意仔细观察。想象你自己正在做这件事情，然后认真思考和记忆。你在看别人做事情的时候，大脑的神经元也在建立连接！

神 奇 大 脑 冷 知 识

这个世界上没有真正的“右脑型”或“左脑型”的人。我们在有些活动中的确会用右脑比较多，比如运用创造力、白日做梦、理解外界发生的事情，而做有些事情的时候用左脑比较多，比如说话（尽管人和人之间存在差别，比如说有些人的语言功能用的是另一边大脑）。但是大脑的两个半球一直是完美配合着工作的。假如你花费了很多时间做艺术创作，你就在频繁使用右脑，但是这并不意味着你是一个“右脑型”的人，或者你的右脑是“优势脑”。

2. 观察别人做事

这个方法对于学体操、跳舞、运动或者演奏乐器等身体技能是非常有用的。当你看别人做示范的时候，大脑里有一种叫作“镜像神经元”（mirror neurons）的特殊神经元会非常活跃，它会开始生长出叫作“树突”（dendrites）的分叉，并且建立起神经连接。当你试着活动身体时，做起来会比没有看过示范时更容易。你的大脑会表现得好像以前做过似的！

3. 用正确的方式练习

这个方法适用于所有学习场景。想象自己正在学一个单词的拼写，却把其中一个字母写错了。如果你反复看这个错误的拼写，就会把它深深地刻在脑子里，要改正过来非常不容易。

正确练习的小窍门：

- 把信息写下来的时候要留心。如果不确定怎么写是对的，就确认一下。
- 如果你感觉有些事情可能做得不太对劲，找个人再示范一次。
- 如果你经常把某件事情搞混，要特别注意寻求帮助。

如果你发现自己学到了一些错误的东西，一定要付出额外的时间纠正。可以把它写下来，贴在你经常能看到的地方。每天都检验一下，直到你真的改过来了。这样你就可以一点儿一点儿地重塑大脑了。

脑力开发小妙招

当你想着“我做不到”或者“这也太难了”的时候，一定要记得，只要你不断尝试，就可以做得越来越好。每次尝试的时候，想象此刻你的大脑正在建立新的神经元连接。

4. 做白日梦和胡思乱想

这个方法在处理信息、解决问题或者进行创造性思考的时候都非常有效。

无聊的时候你可以试试这个方法。让思想自由遨游，这时候大脑会趁机针对你最近正在学习的事物长出新的神经连接。一刻不停地刷手机，会让大脑淹没在庞杂的信息流中，没办法真正消化刚刚学到的知识。

你可以试试下面这些建议：

往窗外看一看，不论是在车里还是在卧室里。

去散步

做一件让你手不能停但不用动脑的事情，比如织毛衣、涂鸦和抚摸宠物。

整理桌面和房间

脑力开发小妙招

如果你有手机，在放学回家的路上把它放在口袋里不要拿出来，给自己留出宝贵的“胡思乱想”时间。

5. 锻炼身体

身体活动可以帮助我们的大脑建立新的神经连接。试着走一走、踢球、爬树，或者做点任何你喜欢的运动。

6. 睡觉

当你在睡觉的时候，大脑正忙着建立和加强关于白天做过的事情的连接。在第 4 章你还会学到更多通过睡眠塑造大脑的方法。

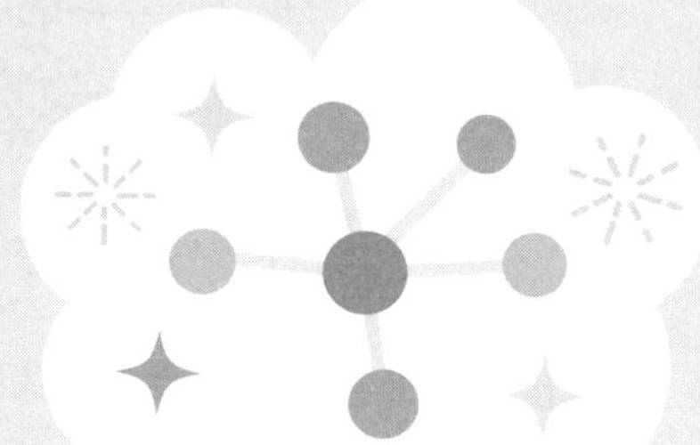

神奇大脑冷知识

刚出生的时候，婴儿的大脑里有 850 亿～1 000 亿个神经元。到 30 岁时，人的大脑里的神经元开始减少。但是神经元的数量并不是最重要的，真正让大脑能良好运转的是神经元之间强有力的连接。

如果你正在努力准备一场考试，比如要背单词，或者演话剧需要记台词，建议你试试间隔学习法！窍门就是不要总想一次就把所有内容学完。如果不复习，新学的东西很快就忘记了，长时间的学习反而不如几个短一点的学习周期效果好。

间隔学习法目标在于让学习活动之间的间隔变得越来越长。无论你在学什么，还有多少时间，你都可以制订计划让间隔逐渐变长。不管学习时间有两天还是两个月，你都可以安排至少 5 个学习周期，间隔学习法可以让学到的知识更牢固地储存在长期记忆里。

如何培养成长型思维

我们已经学习了什么是成长型思维，你可以试试下面这些改善自己思维模式的方法：

1. 重读这一章的开头部分，提醒自己：我是通过不断地练习来学习和成长的，每一次练习都会在我的大脑中建立新的神经连接，也见证着我的每一点进步。
2. 记录自己学到了多少。写下 20 个你从出生到现在已经学会的知识或者技能。通过不断地尝试，你还会学到更多东西。
3. 请父母夸奖你的努力而不是天赋。当你做得好的时候，他们应该说：“太棒了，你能成功是因为你很努力！”而不是：“太棒了，你能成功是因为你很聪明！”
4. 重视每一次取得的小成就，这都是宝贵的，不要期待完美。为自己比上周多学会了一个字而感到骄傲，而不是苦恼于没有把它们都写对。

脑力开发小妙招

如果你已经建立了成长型思维，为自己感到骄傲吧！积极正向的心态对你的一生都至关重要。

QUIZ FOR THIS CHAPTER

章节小测试

1.“我的大脑是可塑的”是什么意思?

A. 我的大脑要花几百年才会被分解掉。

B. 我的大脑会随着我所有的行动和经历而变化。

C. 我的大脑像塑料模型一样质地坚硬。

2. 你是怎样让神经元之间建立连接的?

A. 通过尝试和练习不同的技能。

B. 通过坐等自己变老并且自然而然地获得许多能力。

C. 通过尽量少睡觉、多熬夜。

3.“用进废退”的意思是(　　)。

A. 如果你不小心,就会弄丢东西。

B. 如果不多加练习,已经建立起来的神经连接可能会变弱或者消失,同时你可能会失去一些技能。

C. 如果你不好好运用你的大脑,它就会消失。

4. 间隔学习法是指：

A. 学习关于遥远星球和宇宙的知识。

B. 在一个舒适的房间里学习。

C. 在学习周期之间留出空闲时间，并逐渐把间隔拉长。

5. 什么是成长型思维？

A. 一个人的大脑随着思考而变得越来越大。

B. 相信如果选择在某个技能上努力练习，就可以学会这项技能。

C. 相信天赋和能力都是运气使然。

答案
就在本页
下方

你学到了什么

你已经学到了怎样培养自己的成长型思维，知道了练习某些技能或者试着学习并记忆信息时，大脑正在发生变化。你也发现了一些可以帮助大脑更快更好地学习的实用方法。所有人都想知道这样的秘诀哦！

不过，只知道这些是不够的。你需要把它们付诸实践，并且用心照顾你的大脑。现在你准备好迎接开发“最强大脑”的挑战了吗？下一章会教你怎么做。

答案：1.B 2.A 3.B 4.C 5.B

给大脑"充电"

要点前瞻

人类需要从食物和水中获取能量，大脑需要许多能量来维持运转。如果得不到足够的能量供给，它就无法表现出最佳的性能。

WHAT YOU NEED TO KNOW
你需要知道的知识

能量和大脑

大脑需要许多能量来维持运转，它虽然只占身体重量的 2%，却会消耗掉身体大约 20% 的能量。这是因为大脑负责控制和调节很多功能，每种功能都需要能量。举例来说，除了大脑活动和身体活动之外，大脑还负责调节呼吸和心跳，就连睡觉也要消耗能量！

如果大脑无法获得足够的能量，你会感到疲惫、无法集中注意力，在工作和学习中就不会有很好的表现。

获取能量的方式非常简单：你只要吃得够多且营养均衡就行了。不过你吃的东西必须得含有这两样：热量和营养物质。

能量和卡路里

食物中含有多少能量是用“卡路里”来衡量的。你每天都需要足够的热量。否则，你就会感到头晕眼花，甚至感觉头疼，并且很难集中注意力。感受到饥饿是身体急需热量的第一个信号。

不同食物产生的能量是不同的。“高热量”的食物产生的能量比“低热量”的食物多得多，因此把它们称作“高能量食物”和“低能量食物”更合适。

生菜和黄瓜都是低能量食物，所以你需要吃很多才能获得足够的能量。

坚果和蛋糕是高能量食物。坚果是更好的选择（如果你对它们不过敏的话）。因为：

- 坚果为人体提供的能量能维持更长时间，蛋糕为人体提供的能量基本上都来自糖，身体分解糖的速度非常快。
- 坚果含有大量营养物质，但是大部分蛋糕里却没有。（有的蛋糕里有坚果、水果和瓜子，这样的蛋糕是不错的选择。）

在第 41 页
你会找到更多能
提供优质能量的
食物。

营养物质

食物都有营养，但每种营养物质的功能各不相同。

适当摄入营养物质并不难，你不需要知道每种食物里究竟有哪些营养物质，只需要吃足够丰富多样的食物，就可以获得身体需要的所有营养。

对大脑来说，超级食物存在吗

有一些特定的食物被认为是“超级食物”，有人认为它们对大脑特别有益，比如蓝莓、西蓝花和坚果。

再有营养的食物，吃得太多也可能有害健康。如果一种食物你吃得太多，别的种类吃得就少了。保证食物多样性是最关键的。

食用保健品有用吗

从药店或者保健品店买很多昂贵的药物或者保健品并不是摄入营养物质的最好方法，有些保健品所宣传的效果并没有经过验证。举例来说，有人声称维生素片可以让大脑处于巅峰状态，但它只是含有对大脑有好处的营养物质而已。实际上，丰富多样的食物里也含有这些营养物质，而且并没有证据能证明这些药物的效果更好。当然，如果医生或者专业营养师建议你吃一些保健品，这是可以的。

糖到底是好是坏?

没有任何一种食物是“坏的”，但是在你的饮食结构中，有的食物应该比其他食物占比更少。

关于糖尿病的重要提示

如果你患有糖尿病，
请谨遵医嘱。

下面是一些关于糖的知识：

- 糖有各种不同的形态，每种都有不同的名字，比如果糖、蔗糖和葡萄糖。在食品包装袋上的成分表里能看到它们。
- 很多食物里都天然含有糖，包括水果、蔬菜，还有米饭、意大利面、土豆和面包等等。
- 如果不好好清洁牙齿，含糖的食物和饮料会导致蛀牙。
- 吃的含糖食物越多，身体就越有可能对糖产生“饥渴感”，并因此吃更多糖，会对身体产生负面影响。
- 身体会把所有吃进去的糖转化成葡萄糖，再转化成能量。

血糖值

如果不好好吃饭，身体和大脑里的葡萄糖水平就会下降。你可能会感觉头晕目眩、昏昏沉沉，甚至感觉头痛。你会无法集中注意力，头脑和身体机能都无法达到最好状态，就像一台快没电的机器。

如果吃了含糖特别多的食物，你会在短时间内快速补充能量，但是血糖水平很快就会降下来。这种感觉可不太好，而且这也不是给大脑提供养料的好办法。

所以，适当的糖分是必要的，但是吃太多高糖的食物并不能很好地给大脑和身体提供能量，而且长时间大量地摄入糖分有可能会导致糖尿病这样的严重问题。

关于人工甜味剂的提示

当一种食品上写着“无糖”或者“不添加糖”，这往往意味着它含有人工甜味剂。食物、饮料、口香糖和药品都是如此。人工甜味剂并不能给你的大脑提供能量，不含有任何热量！所以它们或许没什么害处，但也没有什么好处。

神奇大脑冷知识

你可能听说过“能量”饮料可以让头脑保持清醒，但其实它们只适合那些正在进行剧烈运动又不能吃东西的人。对其他人来说，能量饮料并没有什么好处，只会让你的血糖水平忽上忽下，这种感觉可不好受。能量饮料中的咖啡因会让人上瘾并影响睡眠。

水和大脑

水是不含热量的，所以它不能为身体提供能量，但是它对身体和大脑都至关重要。因为大脑里 70% 都是水，水分使大脑和身体保持健康，并且让我们感觉舒服。

所有饮品的主要成分都是水，因此像果汁或者花草茶这些都可以帮助身体保持水分，不过还是多喝水比较好。

下面这些饮品对保持身体的水分并没有好处：

- 可乐等碳酸饮料
- 特别甜的饮料
- 含有咖啡因的饮料

在第 46 页你会找到通过饮食获得充足水分的实用方法。

大脑是由什么组成的？它是什么颜色的？

大脑很柔软，主要由脂肪、蛋白质和水组成。大脑里面有“灰质”和“白质”。“白质”来自一种叫作髓磷脂的脂肪，它包裹在神经元外侧，起着非常重要的作用。神经元的其他部分就是灰质。血管又给它染上了一点粉红色，所以我们的大脑是灰色、白色和粉色混合的颜色。

HOW TO USE THIS KNOWLEDGE
怎样把这些知识用起来

对大部分人来说，保持最佳状态的饮食习惯是一日三餐：早餐、午餐和傍晚的一餐（晚餐不能离睡觉时间太近）。如果活动量很大，那你在两顿饭之间也可能会感觉肚子饿了。饿了可以吃点零食，但是尽量选择那些能给大脑和身体提供优质能量的食物。

回想你吃过的食物

仔细看一看自己在一天里吃过的东西，这样可以帮助你发现饮食结构的不足。可以就选昨天，或者任意一个你吃得比较平常的日子，然后对照下页的清单来看。

你那天吃了多少份这些食物？你吃了其中的至少十种吗？比如就着豆子吃了全麦面包，还喝了一杯牛奶，这就算是吃了三种。

一份食物差不多相当于十颗葡萄、一个苹果或者香蕉、八大口鸡肉或者鱼肉、一小袋酸奶、几勺米饭或者蔬菜沙拉。

不用担心自己回忆的是不是准确，但是要记得一大口某种食物可不算是完整的一份。

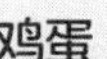

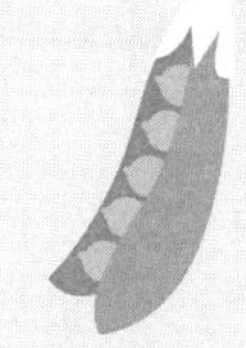

鸡蛋

鱼肉（新鲜的、冷冻的，或者罐头里的都可以）

鸡肉

大豆或者豆腐——比如素食肉

豌豆、扁豆

鹰嘴豆泥

乳制品类（牛奶、奶酪或者牛乳、羊乳酸奶）

奶制品的替代品（豆浆、杏仁露或者燕麦奶）

燕麦

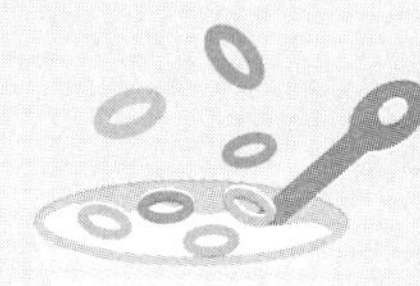

全麦面包

少糖或者无糖的全麦麦片

浆果之外的水果

浆果

深绿色蔬菜

其他颜色的蔬菜，包括土豆

沙拉（生菜、青椒、西红柿）

坚果

瓜子

意大利面或者米饭（最好是全麦或者糙米的）

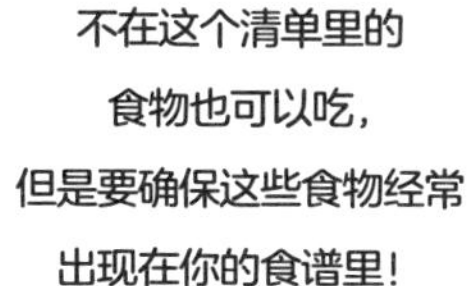

不在这个清单里的
食物也可以吃，
但是要确保这些食物经常
出现在你的食谱里！

超级好用又便宜的健脑食品

很多富有营养的食物都不贵。即使预算不多，你也可以拥有一个对大脑非常有益的食谱。

- 燕麦既便宜又能饱腹，还富有营养。你可以试试早餐喝燕麦粥，或者往奶昔里加点燕麦片。
- 冷冻的水果和蔬菜价格实惠，跟新鲜蔬果一样健康，它们被冷冻起来的时候还非常新鲜。想吃哪个就解冻哪个，一袋冷冻的浆果吃好几顿都不会坏。
- 罐装食物通常比较便宜，也一样有营养。但尽量别吃加了很多糖或者盐的罐头。
- 超市里面那些高级品牌的食物一般和普通品牌的并没有什么区别。
- 尽量买大包装的，你可以跟另外一家人一起拼单。
- 自己做饭一般都比较省钱。你可以试试自己做出既健康又能给大脑补充能量的小零食。

如何丰富食谱，让大脑更聪明

下面这些方法可以教你用食物为大脑补充营养：

1. 有冒险精神

找一些你从来没尝试过的食物，选择一种并下定决心试试它。我这里有一些方法：

把罐装沙丁鱼、马鲛鱼或者鲱鱼跟蛋黄酱或者奶油芝士搅和在一起，抹在面包上吃。

下次和家人朋友出去吃饭的时候，一起点一道新菜，这样即使你不喜欢吃它也没关系。

鹰嘴豆泥又好做又便宜，在网上找个菜谱，然后加入柠檬汁、胡椒粉或者欧芹等调味。

2. 用点巧妙的办法

- 往饭菜里加一勺你不爱吃的东西并不会毁了这顿饭。把它捣碎，然后搅和到菜里，你可能根本都尝不出它的味道！
- 如果你不喜欢某种食物的口感，可以把它做成奶昔或者菜汤。
- 先吃你不喜欢的东西，然后再吃美食的时候会感觉特别开心。说不定你很快就会喜欢上这种新食物了！
- 挑战自己，每次吃几口你希望自己喜欢的食物。

3. 做一个合群的人

跟朋友们一起做一顿饭。提前讨论每个人要做的菜，这样食物就会更多样。你们可以自己在家把菜做好（或者两个人一起做），然后再一起吃。比如在沙滩上、公园或者花园里野餐！

4. 学会做饭

做饭是特别好的激发味蕾的方式。下面是一些建议：

在网站上查找菜谱做一个“大脑能量棒”或者“健脑蛋糕”。

开发一道独属于你的美味炒饭。先按照包装上的说明把米饭煮好，然后加入下面这些中的任意一种或几种食物来翻炒：洋葱、青椒、蘑菇、蒜、西红柿。再加点儿种子，比如南瓜子或者葵花子，还有腰果仁。你还可以拌一点金枪鱼罐头来让这顿饭更顶饱。

自己在家做比萨比你想象的简单便宜，而且也比外卖更健康。

脑力开发小妙招

如果你不爱吃某种食物的话，试着把冷冻的蔬菜和水果做成奶昔、菜糊或者汤。

如果有的食物你不能吃怎么办

如果你因为过敏或者素食主义而不能吃有些食物，那你需要更了解饮食结构的知识，才能保证你能获得全面而充足的营养。

下面是我认为最好用的办法：

弄清楚你不吃的食物里有哪些重要营养物质，然后找到你能吃的东西来代替它们。

找一个专业的机构来帮助你制订饮食方案，他们会有一些不错的建议。如果你正在执行一个非常严格的饮食方案，他们可能会建议你吃点营养补品。

如果你生病了怎么办

大部分疾病都会让你毫无胃口。不过也不用担心，这时候你消耗的能量不多，所以也不太需要补充。等到你有胃口的时候，吃点想吃的就行。试着小口小口地吃一点比较清淡的食物。水更重要，尽量保证身体里有充足的水分。

给你的大脑补充水分

现在你已经知道了，水对大脑很重要，但是到底要喝多少水才够呢？如果你感觉喝水太无聊了怎么办？

尽管咖啡和茶都含有让你保持清醒的咖啡因，但这也可能造成问题。相比白开水，它们让身体保持水分的效果并不好；而且，它们可能会让你亢奋和紧张，甚至很难入睡。所以，到了下午就不要喝咖啡和茶了。

1. 喝多少

- 喝到你不渴就够了。如果还是渴，就再多喝点！
- 多喝点热水，特别是在运动的过程中和运动之后，以及满头大汗的时候。
- 你可能听说过每天至少要喝 8 杯水。这里面包含了你从食物和饮料里获得的水分，所以不用太焦虑，只要感觉不口渴就行。

2. 如果你感觉喝水有点无聊

- 往水里加冰块，或者在冰箱里存点新鲜的饮用水。
- 用一片薄荷叶、黄瓜或者橘子来调调味（薄荷可以种花盆里）。
- 尝试花草茶或者水果茶，可以放凉了再喝。
- 工作或者读书的时候把水杯放在手边，这样就不会忘记喝水。
- 每次吃饭的时候都喝一杯水。
- 喝水的时候保持专注，用心感受水从喉咙里流下去的感觉。

QUIZ FOR THIS CHAPTER

章节小测试

1. 一杯白开水有多少热量？

2. 下面哪种食物的营养更丰富：一块蛋糕，还是一把坚果？

3. 什么情境下应该多喝水？

   A. 天气比较热的时候。
   B. 下雨的时候。
   C. 当你在运动的时候。

答案
就在本页
下方

你学到了什么

食物为你的身体和大脑提供能量，因此你需要足够的食物来保持体内一定的热量水平，这样身体才能保持良好地运转。你在饿得眼冒金星的时候，是没办法保持最佳学习和工作状态的。不同的食物含有不同的营养物质，它们对你来说都是必不可缺的，所以吃的东西要丰富多样，尽量包含多种颜色的水果和不同种类的蔬菜。你也知道了水虽然不能给大脑提供能量，但是它依然在我们的饮食结构里起着至关重要的作用。如果我们喝水不够多，大脑也无法良好运转。

答案：1. 0　2. 一把坚果　3. A和C

运动改造大脑

要点前瞻

运动可以强健体魄，增强大脑活力，同时保持心理健康并帮助我们更好地学习。当你了解了运动的好处并且找到真正喜欢的运动项目，动起来就没那么难啦！

WHAT YOU NEED TO KNOW
你需要知道的知识

运动的时候，大脑发生了哪些变化

1 **血液中氧气和葡萄糖的含量会增加**

人在运动的时候，肺部会吸入更多氧气，心脏跳动的速度也会加快，让大脑和身体都可以获得更多的氧气和糖分供给。所以，尽管坐着不动的时候大脑里也有血液，但是在你动起来的时候，会有更多的血液到达大脑。

2 **分泌内啡肽**

内啡肽通常被称为“快乐激素”，它可以像药物一样，消除疼痛和悲伤。大脑可以分泌这种物质，不需要从食物或者药物中获取，而运动会刺激内啡肽的分泌。你发现了吗？即使是做不喜欢的运动，运动后都会感觉心情特别好。这就是内啡肽的作用。你在跑步、踢足球、打网球、打篮球或者爬山的时候可能感觉很痛苦，但是完成之后又会感觉很棒——当然是等你喘得过气来的时候！

3 **分泌多巴胺**

多巴胺是大脑分泌的一种令人非常兴奋的激素，可以让大脑变得活跃和敏捷。我把它称为“是的”激素，运动的时候大脑就会分泌这种激素。

学到新技能

众所周知，通过练习大脑可以形成新的神经连接，这也让我们做事更熟练。这一点在身体的技能上尤为明显。举例来说：

1. 踢足球的时候，增强的是控制双脚和身体协调性的神经连接。
2. 接球或丢球的时候，增强的是控制双臂肌肉和身体协调性的神经连接。
3. 颠球的时候，增强的是保持平衡、身体协调和集中注意力的神经连接。
4. 攀岩的时候，增强的是做规划和身体协调的神经连接。

生成新的神经元

运动可以刺激大脑形成新的神经元。这些新神经元通常集中在海马里，而海马对于记忆和学习是至关重要的。所以，尽管你大脑里的神经元已经很多了，但是在海马里再多生成一些神经元，说不定还能派上用场。

神奇大脑冷知识

3 岁前的婴儿无法形成长期记忆。这个时期，海马正在不断发展变化，让长期记忆得以形成。正因为如此，你不会记得 3 岁之前的事情。

6 消化学到的新知识

高强度学习之后，你会感觉脑子已经塞满了。这时，你可以休息一下、做点运动，帮助大脑消化学到的新知识。原理是让大脑生成新的神经连接，同时把信息储存进长期记忆中（关于这部分的更多信息参见第 10 章）。

7 提升自尊

如果被迫参加自己不喜欢或者不擅长的运动项目，这或许会让你感觉自己很差劲。选择那些你喜欢的运动往往可以增强你的自信心，甚至仅仅是知道自己做了件有益健康的事情都会让你心情好起来。

良好的自我感觉会帮助我们保持心理健康，也会让我们的大脑为学习做好更充分的准备。那种“我做到了那件事”的良好感觉，可以转化为“我也能做好这件事”的信念。一个积极的感受往往可以带来更多积极的转变。

8 睡眠会得到改善

白天进行体育运动可以让你晚上睡得更好。科学家对此还没有找到确切的解释，这很可能是因为运动会让你感觉更加放松和愉悦。当你感觉很糟糕或者因为压力而感到很焦虑的时候，睡眠也会变差。所以，放松和愉悦的心情可以帮助你更快入睡。记得要在白天做运动，晚上尽量只做温和的拉伸或者瑜伽，避免在快要睡觉的时候提高自己的心率。

我们到底使用了大脑多大的比例？

全部都用着呢，但不是同时在用哦！你可能听到过一种说法，说我们只使用了大脑的 10%，这是不正确的！大脑里并没有哪个区域是我们没在使用的。

每天应该有多大运动量呢

青少年每天应该至少活动一小时。不是一下子运动一小时，也不是非得去跑步或者打球，而是要活动身体，不要一直久坐。

需要注意的是，运动量过大也不是个好主意：有些人过量运动，这也会伤害身体。

接着往下读吧，你会了解到怎样做对大脑和身体最有益。

脑力开发小妙招

如果你已经坐了一个小时了，站起来走动几分钟吧，或者去遛遛狗，到楼下跑一圈，爬爬楼梯。

阳光和新鲜空气

不管什么样的天气，户外活动对身体和大脑都特别重要。如果你一直坐在窗户紧闭而且没有空调的屋子里，你所呼吸的空气中的氧气会越来越少。过不了一会儿，你就会感觉无法集中注意力，还可能会感觉头晕、头痛。如果你没法到外面去，可以把窗户或者门打开，让新鲜空气进到屋里来。新鲜的空气也可以带走病菌。

在窗户紧闭的室内，你更容易被别人传染感冒或者别的病毒。

阳光帮助我们的身体合成维生素 D，而它对骨骼的强健至关重要。阳光也对你的大脑有好处，因为阳光明媚的日子总是让人感到心情愉悦。回忆一下你在清晨望向窗外，看到灿烂阳光时的那种感觉。

尽管阳光对你的大脑和身体有好处，但太强烈的日晒也会造成伤害。除了晒伤之外，中暑和在高温中虚脱也非常危险。即便是在太阳没有直射身体的情况下，这些风险依然存在。高温会让你的大脑停止运转，并且让你的身体受到严重损伤。

所以，记得花时间进行户外活动并享受每一个阳光灿烂的日子，但是一定要小心，如果感觉不舒服，一定要告诉身边的成年人。

如果你不能做某些运动该怎么办

很多人有身体上的不便或者疾病，使得他们无法进行某些运动，或者做起来很痛苦也很困难。如果你有这样的情况，一定要寻求专业的建议。但总有一些好玩而且健康的事情是你可以做的！

HOW TO USE THIS KNOWLEDGE
怎样把这些知识用起来

也许你本来就是个活泼好动的人，现在就迫不及待地想要到外面去锻炼锻炼，给你的大脑充充电了！又或者你还在犯难，想着："我一点也不想这样！"

如果你已经想动起来了，你会找到更多动起来的好方法。如果你认为自己不喜欢运动，为什么不抱着开放的心态，尝试些新事物呢？勇敢点，生活会更丰富精彩哦！

运动建议

下面的很多运动项目只需要一个球和一小块空地。有的需要花点钱，但大部分都不用。有的你可能会喜欢，有的可能不喜欢。多尝试几个，肯定会有意外的惊喜等着你。（一定要严格遵循安全守则。）

1. 人多的时候可以玩

- **玩抛接球或者接飞盘。你们可以试试"世界锦标赛"游戏，每个人扮演不同的国家**

- 法式板球
- 带点挑战的户外徒步——比如要边走边找到一系列东西
- 在公园里来一场障碍赛跑

2. 人少的时候可以玩

- 来场竞走比赛——选择一个固定的路线并给自己计时，看看下次能不能打破自己的纪录
- 在房间里跟着音乐跳舞
- 跳绳——网上有很多花样跳绳的教学视频
- 练习一项技能，比如颠球或者足球的“射中横梁挑战”
- 试试网球练球器——一个网球拍上用绳子连着一个网球
- 自编一套舞蹈或者体操动作——自编一套健身动作，如开合跳、深蹲、弓箭步和挥拳

3. 适合当作业余爱好的活动，可以加入一个运动俱乐部进行活动

- 攀岩
- 网球或羽毛球
- 体操或者跳舞
- 所有的团体性运动

4. 其他有趣好玩的活动

- 去水上乐园或者主题公园玩
- 玩定向越野
- 组织一场“奥林匹克运动会”
- 玩寻宝游戏

5. 让人放松和平静的活动

- 在一个风景优美的地方散步
- 慢跑
- 瑜伽或普拉提

6. 身体不便的小伙伴也可以参加的活动

- 很多运动项目都有调整之后的版本——可以在网上找一找（建议求助你信任的成年人）
- 如果你需要坐在轮椅上，也可以通过活动上肢来给你的心脏和大脑充电。可以试试玩抛接球或者飞盘，或者尽量调用所有能活动的肢体来跳舞
- 用拳击沙袋或者其他器械来锻炼手臂
- 用健身带
- 之前提过的方法也可能对你有帮助，可以根据自己的情况来选择

脑力开发小妙招

当你把手举到高于心脏的时候，心脏就需要跳动得更加有力以输送血液。如果你正在做一个 5 分钟的强化训练来让更多氧气进入大脑，那么举起和放下手臂可以增强运动效果哦！

ACTIVITY FOR THIS CHAPTER
本章活动

制订你下周的运动计划，把下面这些信息加进去，并且要写上每个活动需花费的时间：

- 你在学校里会参加的任何一项体育活动
- 你在校外会参加的任何一项体育活动
- 一个你可以在去学校或者回家的路上走一段路的机会
- 一个你可以步行去的地方，比如商店、公交车站、朋友家

如果某一天你的运动时间少于一小时，想想还能做些什么。你可以把全家人的活动还有跟爸爸妈妈或者其他兄弟姐妹做的事情也算进来。

把这份计划贴在你房间的墙上或者别的很显眼的地方，可以做一个模板，然后每周都做个计划。你还可以试试看能不能带动家里的其他成员也开始制订自己的运动计划！

你学到了什么

运动和锻炼可以增强大脑的活力。当进入大脑的氧气和糖分增多，心脏也会得到锻炼，情绪会得到改善，同时身心也会变得更强大，让你能够在各个领域出类拔萃。你在活动身体的时候，大脑也在消化和处理最近学到的知识、经历过的事情和感受到的情绪，你会逐渐成为一个身体更健康、脑子也更聪明的人。

睡个好觉

要点前瞻

睡觉可不是浪费时间！睡眠对我们身体健康的方方面面都是非常重要的，它还可以从多个角度激发我们的大脑。在这一章里你会学到如何让自己睡得更好，也会知道在睡不好的时候该怎么办。

WHAT YOU NEED TO KNOW
你需要知道的知识

是什么让我们能睡着

是这两个东西在影响着我们：

1. 睡眠压力（睡眠稳态调控）——醒着这件事就会让你想睡觉

从你醒来的那一刻起，身体就开始分泌一种叫作“腺苷”的化学物质。它在你的体内不断积累，让你感到昏昏欲睡。这种“睡眠压力”会不断增加，直到你再次躺下睡觉。

2. 生物钟——你身体里的钟表

你的大脑里有个钟表哦！其实是两个，每个脑半球里各有一个。虽然这个钟表很小，但却有一个很宏大的名字，叫作视交叉上核（suprachiasmatic），科学家把它简称为 SCN。视交叉上核藏在你的眼睛后边，并且对太阳光很敏感。

在你闭着眼睛的时候它也能感受到光照，但是在你睁着眼睛的时候感受会更明显。视交叉上核主要是通过感受光亮和黑暗来判断现在是一天中的什么时间。但是它也会借助别的线索，比如你的日常作息，特别是吃饭的时间点和晚间放松身心的活动。如果你吃饭的时间很不规律，晚上睡觉前没有放松身心，或者眼前一直有很强的光源（包括屏幕的光），视交叉上核就不会意识到你已经该睡觉了。

当你的视交叉上核感应到“快到晚上了”，褪黑素就会让你的身体做好睡眠准备。

当你的视交叉上核检测到“已经是早上了”，褪黑素就会减少，你就会开始清醒。

神奇大脑冷知识

昼夜节律（也叫“生物钟”）的英文是“circadian rhythm”，因为在拉丁语中“circa”的意思是“关于”，而“dian”是从英文的“day”这个词来的，中文意思是“天”。人类生物钟的周期差不多就是一天，不过不是非常精确的一天，平均是 24 小时 15 分钟，不同年龄段的人会有些许不同。少年和青年人有着更长的“白天”，而年纪大的人的白天就会比较短。

每个人的大脑都一样大吗？

年龄相同的人的大脑通常是差不多大的。男性的大脑一般比女性的大一点儿，不过这只是因为男性的体型一般也比女性的要大。大脑的大小跟它是否良好运转并没有什么关系。

我们需要多少睡眠

科学家给出的数据通常是人类平均需要的睡眠时长，但是你的睡眠需求有可能跟别的同龄人并不相同，你可以根据白天是否能保持清醒来判断自己睡得够不够。

婴儿和儿童需要的睡眠最多，青春期阶段需要的睡眠会减少，但是青少年需要的睡眠又比二十多岁的成年人要稍多一点。到了老年，很多人需要的睡眠又比中年时期要少。在十几岁到二十出头的这几年里，你正处在青少年的睡眠模式中。褪黑素的分泌时间会推迟，所以你通常到了深夜才感觉困倦。早上，褪黑素停止分泌的时间又比成年人要晚，所以你到了学校可能还是感觉很困。周末的早上，你可能还会想睡个懒觉。

平均来看，青少年需要大概 9 个小时的睡眠。大部分人只要睡够 7 个半小时就感觉还不错，但是有的人会需要睡更长时间。

睡眠的不同阶段

睡觉的时候，我们的大脑会经历几个不同的阶段，也可以说是几种不同的睡眠模式。每天晚上我们都会在各个模式中来回切换，它们被称为“快速眼动睡眠期”（Rapid Eye Movement，REM）和“非快速眼动睡眠期”（non-Rapid Eye Movement，NREM）。

1. 快速眼动睡眠期

在这个睡眠期里，你的眼睛正在眼皮后面快速地转动着。做梦就是在这个阶段。尽管在别的睡眠模式里你也可能会有短暂的像做梦似的体验，但是在快速眼动睡眠期做的梦往往是有故事性的，在梦里我们可能经历一些生活中不会真实发生的奇怪的事情。我们通常在夜晚快结束的时候才进入快速眼动睡眠期，所以如果你起得太早，就可能会错过一些快速眼动睡眠。

2. 非快速眼动睡眠期

非快速眼动睡眠期有三个阶段。

阶段 1：两到五分钟的浅层睡眠。你很容易就会被吵醒，而且通常意识不到自己刚刚已经睡着了。

阶段 2：睡得更沉、更放松了一些，但还是很浅层的睡眠。这时候要叫醒你就稍微难了点，但是你醒来的时候也不会感觉头太晕。

阶段 3：这时的你很难被叫醒。如果你真的被叫醒了，就会感觉头晕目眩。大部分的深层次睡眠都发生在前半夜。

睡眠如何激发大脑潜能

通过研究睡眠中的大脑，科学家获得了越来越多重要的信息。但是还有很多事情是我们不知道的。说不定你会成为一个睡眠科学家，有一些新的发现！

每个睡眠阶段的益处各不相同，但是对我们的大脑来说，它们同等重要。

快速眼动睡眠的益处

心理健康

梦境可以帮助我们处理负面的经历和体验。不必担心做噩梦，它们其实在帮你的忙。但是如果你经常做一些非常恐怖的梦，就找一个信任的成年人聊一聊吧。虽然这没什么好担心的，但是确实很影响心情，聊一聊可以让你感觉好一点儿。

创造力和新的点子

在醒着的时候，我们的思想是有逻辑性的，很难让想象力自由翱翔。但是做梦的时候，我们的思想会产生很多新奇有趣的新点子。

浅层睡眠的益处

学习新的技能

如果你在白天练习了某种需要调动身体的技能，例如演奏乐器、学习一套舞蹈动作或是某项运动的技术动作，在浅层睡眠期，你的大脑就会回顾这些动作。你会建立起新的神经连接、加强旧的神经连接，而那些废弃的连接则会被清埋掉。

创造力

很多人通过浅层睡眠来激发自己的创造力。比如发明家托马斯·爱迪生就喜欢在下午打盹的时候手里抓着一个金属球，再在手的下方放一个小碟子。他迷迷糊糊睡着了，球就会“哗啦”一声把碟子砸碎并把他吵醒，然后他就立刻把刚刚想到的新点子写下来。

神奇大脑冷知识

人在做梦的时候，全身上下可以控制的肌肉都处在瘫痪状态！心脏和肺都可以正常工作，但是你却无法移动自己的身体。这就意味着你没法把梦里的事情演出来。

深度睡眠的益处

休息和恢复

没有充足的深度睡眠，你醒来之后就不会感觉精力充沛。深度睡眠可以让你恢复精力。

生长和修复

你的大脑会分泌各种激素，包括生长激素。这不仅仅可以让你长身体，还可以修复受损的细胞。

清理垃圾

神经元之间的缝隙会变大，大脑中的液体就可以把断裂的神经连接和死亡的神经细胞冲走。

储存记忆

新记忆是在海马里生成的，但是在深度睡眠阶段它们会被挪到形成长期记忆的地方，给海马腾出空间来储存更多新的记忆。

神奇大脑冷知识

德米特里·门捷列夫是发明元素周期表的俄罗斯化学家。他把所有的化学元素按照一定规律排列在了元素周期表里，而这个规律就是他在梦里发现的！但是他依然付出了很多努力，而且已经冥思苦想了很长的时间。1869 年 2 月的一天，门捷列夫在又一次失败之后疲惫地睡着了，接着在一个梦中找到了解决方案。他一醒来就意识到，他已经解开了这个难题。

HOW TO USE THIS KNOWLEDGE
怎样把这些知识用起来

每个人都有睡眠不好的时候。当你睡不好的时候，下面这几页的内容会帮到你。即使你总是睡得很好，你身边肯定有睡眠不好的人，你可以把我的建议分享给他们。这些建议对所有年龄段的人都适用！

留出一段时间来放松身心

在关灯睡觉之前有一个放松时间是特别重要的。差不多一到两个小时就够了，所以我一般会建议用一个半小时。

首先，确定你什么时间要把灯关掉。下面是具体方法：

确定你想睡几个小时——最好是能睡够 9 个小时，
但是 8 个小时也行。
比如说你决定睡 8 个半小时。

你早上需要几点起床？
比如说早上 6 点半。

所以，你需要几点睡着呢？
要睡够 8 个半小时，你需要在晚上 10 点入睡。
但是你不会马上睡着，所以要多留出 20 分钟。
那么，9 点 40 分关灯。

所以，如果你准备在晚上 9 点 40 分关灯的话，一个半小时的放松时间就应该从晚上 8 点 10 分开始。

但是在这个时间段里你该做什么呢？最重要的就是要做好“睡眠卫生”工作。这可不是教你把自己洗得干干净净，这比那个重要得多！

做好“睡眠卫生”工作

“睡眠卫生”工作是你在睡前休息时间应该做的事情。按照下面的指南来做，你的大脑和身体就会感觉睡意满满了。

它有两个要素：

1. 做一些有利于睡眠的事情，避免做不利于睡眠的事情

2. 建立一套规律动作

有利于睡眠的事情

在睡前的一个半小时内尽情地做下面这些事情：

- 关闭或者调暗灯光——拉上窗帘，关掉屏幕，只开比较暗的灯
- 冲澡或泡澡
- 轻柔舒缓的音乐
- 薰衣草精油——在浴缸里或者枕头上滴几滴

- 助眠的草药混合液，抹在手腕上或者耳朵后面
- 做拉伸或者瑜伽
- 糖分不太高的清淡食物，比如小三明治、奶酪、水果、奶油干酪、燕麦饼、坚果
- 一小杯牛奶或者花草茶
- 把明天早上要带的东西整理好并放在门口
- 把衣服叠得整整齐齐
- 换上睡衣
- 洗脸刷牙
- 写日记
- 画画或者涂色
- 读喜欢的书
- 做深呼吸练习
- 让动作缓慢从容

不利于睡眠的事情

在睡前的放松时间里尽量远离下面这些事情，而且越早远离越好：

- 太阳光
- 很亮的灯
- 除了阅读器之外的电子屏幕
- 咖啡因——咖啡、茶和可乐里都有（除非是无咖啡因的，不然还是喝花草茶或水果茶吧）
- 争吵和焦虑
- 会提升心率的运动
- 太多食物，尤其是辣的或者油腻的食物
- 工作
- 很吵闹的快节奏音乐
- 乱糟糟的卧室

设计一套睡前固定动作

我们的大脑最喜欢固定动作了！如果你每天都按照相同的顺序做同样的事情，你的大脑就会很快地学会并且做出反应。只要你一开始做这套动作，你的大脑会识别出这是“睡觉之前做的事情”，然后就开始做好打瞌睡的准备。

具体怎么做呢？

1. 从前面对睡眠有利的事情里选择 5～10 件，把它们按照你觉得合适的顺序排列好。唯一不能改动的是你需要在这套固定动作一开始的时候就把灯光隔绝在房间外面，比如拉上窗帘和关掉电子屏幕。
2. 把这个清单贴在能提醒你的地方。
3. 每天晚上你都要按照这个顺序做这些事情，几天之后就会看到效果了。

脑力开发小妙招

如果你感觉有个东西特别难掌握，可以试着在睡前多想想它。在你睡觉的时候，你的大脑说不定就会搞定它。听起来很玄乎吗？实际生活中这种情况已经发生太多次了！（还记得元素周期表吗？）如果第二天你再回到这个问题上，你就会发现有些进展。这意味着失败是成功之母——前提是你没有放弃！不过还是要注意：担心和忧虑可能会让你睡不着，所以你需要确保在思考和琢磨的同时，不要太焦虑！

远离屏幕

你可能注意到我在不利于睡眠的事情那里已经提到过电子屏幕了，这里有两个你不应该在睡前看屏幕的原因：

1. 大部分屏幕发出的光都很像太阳光，这会让大脑以为现在是白天，这样它就不会把你调成睡眠模式了。
2. 屏幕会带来各种让你保持清醒的信息，满是激烈动作和强烈光线的视频，还有随时能玩的游戏，让人根本不想入睡。

屏幕并不总是对睡眠有害的。睡前在电子阅读器上读一读书可以帮你睡得更好，前提是你得把“通知”关掉，而且屏幕还不能太亮。

至于手机，“夜间模式”功能也许有点帮助。但是你还是需要把“通知”关掉，并且确保你在手机上进行的活动不会给你带来压力。用手机、电脑来进行任何一种互动或者社交活动，大概率都没什么好处。如果你每天都睡得不错，而且能睡够八九个小时，那就不要紧。如果做不到，那睡觉之前还是不要再看屏幕了，这会对自己的大脑好一点。

睡不着的时候怎么办

每个人都经历过失眠，而失眠是非常痛苦的。

下面是我的建议：

- 不要担心明天的事。如果你明天有重要的考试或者演出，你的身体会分泌肾上腺素，让你的大脑保持清醒和活力。
- 不要看表。知道时间只会让你更焦虑。
- 不要想着马上睡着。太过刻意往往会适得其反。
- 让你的身体肌肉放松下来，变得柔软。把肩膀沉下来；想象着你的每一块肌肉，集中注意力让它们逐一放松。
- 把呼吸放缓，把注意力放在呼吸上。可以试着数一数你的呼吸。
- 让你的头脑放松。想象有一双轻柔的手在抚摸着你的大脑。
- 把注意力放到一些愉悦的（或者无聊的）事情上，尽量不要让它回到担忧的事情上。
- 不要在那里躺太久。如果你感觉已经努力超过 20 分钟了，还是没有丝毫睡意，那就站起来去做点轻柔的、放松的事情。不要打开屏幕或者把灯开太亮。可以尝试读书，或者拼拼图。

睡不着的时候该想点什么

很多个晚上你都感觉一切糟透了，很难控制自己的负面想法，又或者你的大脑可能感觉过于警觉或兴奋。不论你经历的是哪一种，下面这些方法都可以帮你平静下来：

想象一个你想去的地方。一片软软的沙滩？附近公园里阳光明媚的草坪？在花园里吃美味的草莓？在月球上？多描绘一些细节，你可以往画面里添加人或动物，又或者是你独自一人。

想象自己是一场冒险经历的主人公。同样的，描绘出细节，比如人物、动作、激动人心的事件。

神奇大脑冷知识

你每天晚上都会做好几个梦，但是你只会记得那个中途醒来的梦。有时候如果马上躺回去接着睡，你还能回到刚刚的梦境里。所以如果你做了个噩梦，而且不想再回到那个梦里去了，一定要确保自己已经完全醒了，然后换个姿势再接着睡。

玩一会儿文字游戏。按照拼音字母表的顺序，给一个声母想一个由它开头的动物、运动员、卡通人物、历史人物或者学校同学的名字。

从 100 慢慢往回数。

数绵羊。想象着有很多绵羊一只接一只地跳过一个小水沟，它们特别努力地想把你绕晕，所以一会儿藏起来、一会儿三只一起跳，或者干脆到处乱跑。

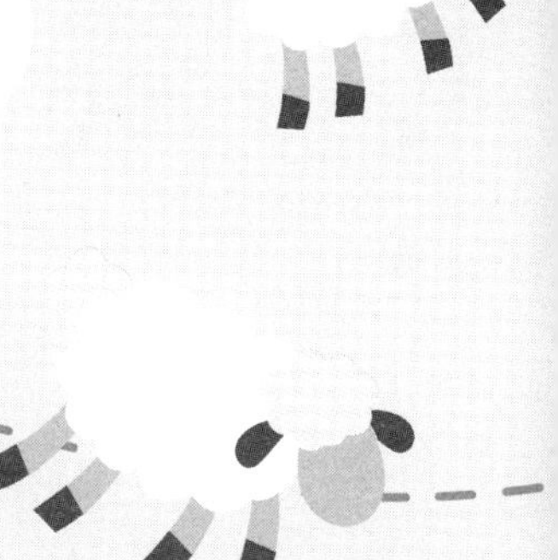

如果你中了彩票，你会怎么花掉这些钱？或者随便做一个你喜欢的白日梦："如果我无所不能……""我理想的生活……""我会特别为自己骄傲，如果我能……"

ACTIVITY FOR THIS CHAPTER

本章活动

给你的睡前放松固定动作设计一幅海报。可以用图画或者文字，或者图文并茂。做的时候放松一点，想着和睡觉有关的事情。把它贴在门上或者床头。这样做可以帮助你的大脑牢牢记住这些事情。

你学到了什么

睡眠比我们过去认为的更加重要。很多你这个年纪的人需要八九个小时的睡眠才能让大脑保持最佳状态。睡眠帮助我们恢复精力、修复破损的细胞，同时对学习、心理健康、记忆力和创造力都是至关重要的。现在你知道怎样才能睡个好觉了：尽量多做对睡眠有利的事情，避免做对睡眠不利的事情，建立一套睡前放松动作，并练习让自己把注意力集中在放松的或是无聊的想法上，不要去想那些令你担忧和焦虑的事情。

享受友情

要点前瞻

我们每个人生来都注定要和其他人建立关系，但有时候交朋友并没有那么容易。这一章会向你介绍为什么朋友和陪伴对你的大脑如此重要，还有如何跟对的人建立起稳固的友谊。

WHAT YOU NEED TO KNOW
你需要知道的知识

大脑是为社交而生的

请记住，你的大脑和我们远古祖先的大脑是一样的。远古人类都会感觉待在人群中比自己一个人的时候更安全。团结协作让每个人都能活得更久也更健康。他们可以一起修建房屋、制作工具、收集木柴、打猎和采集食物。当有人生病或者受伤时，他们也可以彼此照料。如果成年人病倒了，也会有其他人来照顾孩子们。

这也适用于当今人类。想一件只有我们群策群力才能做到的事情：比如科学技术的发明，还有制造机械、修建医院、生产车辆和日常使用的各种工具。也有些人更喜欢单打独斗，但是他们也离不开别人创造的知识。即使是喜欢独处的人也需要其他人的帮助。

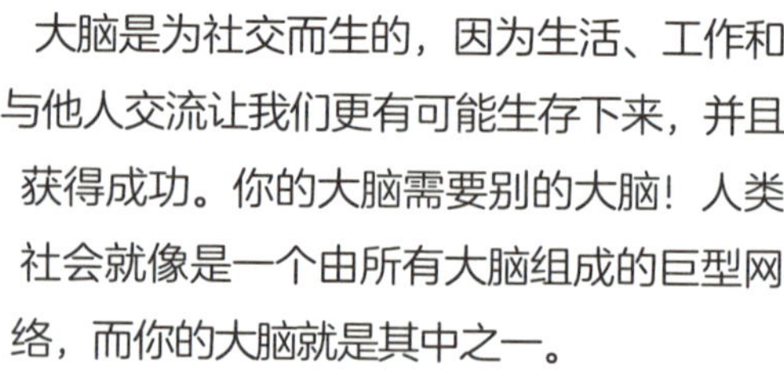

大脑是为社交而生的，因为生活、工作和与他人交流让我们更有可能生存下来，并且获得成功。你的大脑需要别的大脑！人类社会就像是一个由所有大脑组成的巨型网络，而你的大脑就是其中之一。

当你在与朋友交往时，你的大脑中会发生什么

有两种化学物质在起作用：

1. 多巴胺

大脑通过让人感受到强烈的愉悦情绪来鼓励你做特定的事情。大脑中有一个奖励机制，每当你做了一件大脑很喜欢的事情时，它就会释放出多巴胺，让你感觉兴致勃勃、兴奋不已。社交就是大脑很喜欢的事情，所以，只要一有机会参加社交活动，多巴胺就会推动和鼓励你去社交。

2. 催产素

当我们对某个人产生爱慕或者好感的时候，就会分泌催产素，它也被称为“爱的激素”。这种好感可以是很强烈的爱意，比如坠入爱河的时候，还有妈妈看到自己的宝宝或听到宝宝声音的时候。它也可以是一种更细微的感觉，比如某个喜欢的人给了一个拥抱，或者在一间满是陌生人的屋子里看到一个熟人的时候。催产素让我们很享受跟喜欢的人待在一起，这种正面感受会鼓励我们去参加社交活动。

青少年的社交行为有何特别之处

各个年龄段的人都需要人际交往。对于青春期的孩子来说，社交格外重要：别人是怎么看你的；你是否融入了这个圈子或者另一个圈子，或者你有没有自己的圈子；是否被接纳；是融入人群还是脱颖而出。这些太重要了。

青少年生活中的这两个方面可以帮助我们更好地理解这一点：

1. 逐渐独立

青春期是一个特殊的生理发展阶段，它帮助你逐渐脱离成年人的看护，成为一个独立的个体。和身边的同龄人建立联系逐渐变得很重要。你去做那些朋友想让你做的事情，而不是父母让你做的事情。同伴的影响是巨大的。

2. 被人群包围

在学校里，你身边总是人来人往。在社交媒体上，你估计还会有一些从来没见过面但很重要的朋友。尽管人类生来就有社交属性，但维持友情依然需要耗费时间和精力，所以我们没法同时拥有太多关系。有时我们会因此感觉压力很大。

答疑解惑云课堂

格蕾丝问道

大脑是如何影响你的心理感受的?

大脑制造出了你感受到的一切。它接收了信息（比如你看到或者听到的东西），根据你的记忆、性格和当时所处的情境来消化处理信息，然后制造出了那些你能注意到的情绪和感受。

内向的人和外向的人

有的人有很强烈的独处需求（虽然他们有时候也挺享受社交），更喜欢和一两个朋友做点安静的活动，而不是参加热闹的派对。和别人一起待得太久了，就会感觉很疲惫或者焦虑。这就是比较“内向”的人。

有的人不需要太多独处的时间，或者根本就不喜欢自己待着。喜欢参加热闹的、人声鼎沸的活动，和别人在一起就会感觉活力四射。这就是比较“外向”的人。

有的人是两种类型的混合体，状态会随着所处的情境以及自己的心情而变化。

内向的人和外向的人都需要朋友，但是他们希望和朋友们一起做的事情是不同的。如果所体验到的社交时间和类型与自身的需求不匹配，他们就会感觉焦虑、不开心或者压力很大。

内向的人和外向的人都非常宝贵。外向的人的大脑让他们更擅长社交和团队合作，而内向的人需要通过努力来发展自己的社交能力。

在 89 页有很多给内向的人和外向的人的社交建议。

社交活动中的大脑可能带来哪些问题

当我们建立友情或者其他关系的时候，通常都需要分享一些个人信息。这一般是没问题的。和对方分享我们的生活和喜好可以增进彼此的了解。

但是，有时你在分享信息后可能会感到后悔。举例来说：

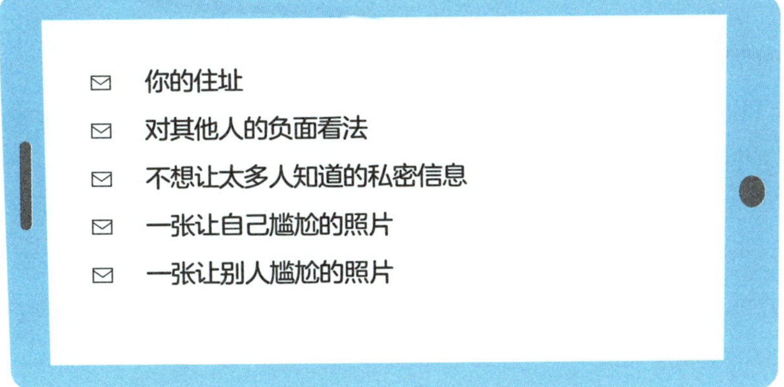

上面任何一个信息都有可能惹出大麻烦。所以要格外小心，否则我们那超爱社交的大脑也会惹出麻烦。第 96、97 页有关于这点的可操作建议。

如果停止社交，大脑会发生什么变化

大脑天生就喜欢社交，如果过于回避社交，可能会导致一些问题。回避社交的原因可能是你自己待着也很开心，或者想到社交你就很焦虑，又或者你曾经有过不好的体验。不管是什么原因，你都需要锻炼自己的社交能力。那如果不社交，到底会怎么样呢？

如果交不到朋友，你可能会感觉很孤独。这是一种很糟糕的感受。孤独感会影响我们的心理健康，让我们更容易患上抑郁症这类心理疾病。

交朋友也需要练习，如果你从来都不社交，那么以后想要交朋友的时候，就可能会感觉格外困难。

即使你是一个喜欢独处的人，你的大脑也会从人际交往中获得好处。你可以与朋友一起开心地玩耍、分享最近的好消息和坏消息、学习新知识或者技能、发现有趣的机会，或者和朋友一起开动脑筋，让彼此变得更聪明。

HOW TO USE THIS KNOWLEDGE
怎样把这些知识用起来

你已经知道了为什么跟他人相处对大脑如此重要了，下面来看看你该如何获得这些好处。

了解你的后援团

想一想你和哪些人在一起的时候感觉很好，这些人可能是你很希望见到的人，或者他们的问候和微笑会让你感觉很开心。想一想：

和你住在一起的人
在学校的朋友
住在你附近的朋友
住得很远的朋友
不和你住在一起的亲戚
在你的学校或者兴趣社团或其他地方工作的大人
你在别的学校或者别的地方认识的人
所有给你带来正面感受的大人
所有给你带来正面感受的年轻人

把他们的名字写下来，他们就是你的后援团。当你需要的时候，可以根据情况选择不同的人，但是他们始终会为你提供支持。

脑力开发小妙招

从你的后援团里选择 5 个人，回忆一下在哪个时刻他们曾经让你感觉快乐、积极，或者拥有其他很美好的感受。如果你感觉情绪低落，你会选择跟谁聊一聊呢？在你需要帮助和建议的时候，你会选择找谁求助呢？在你想要分享一个令人激动的消息的时候，你会愿意和谁分享呢？

了解你自己

尽管大多数人感受和行为模式都很相似，但是人与人之间仍然存在个体差异，比如不同的好恶。了解自己的性格可以帮你为大脑选择合适的活动。看看下面几页里有哪些你喜欢的活动，在以后的生活中就可以做出更合适的选择了。

你是内向的人吗

如果想要回顾一下关于这两种人格的定义，你可以再看一下第 83、84 页。

如果你比较内向，确保你拥有足够的独处时间，但是不要把自己和周围的人隔绝开来。有时候即使你不太想社交，也需要和朋友出去走走。回来之后可以自己安静地待一会儿。这个世界上就是有人天生比你更活泼和兴奋，他们并不比你好或者比你糟糕，只是与你性格不同而已。

下面有一些帮助内向的人锻炼社交技能的方法：

1

不要担心你的朋友太少，数量并不重要。友情的质量更重要，要有几个你真正相信并且愿意相处的人。

2

你可能感觉跟与自己爱好相同的人更容易成为朋友，比如另一个安静又喜欢思考的人，而不是一个活泼又吵闹的人。如果你有一个很吵闹的朋友，这其实很棒，尝试坦诚地告诉他们，有时候你真的需要自己待一会儿。

3

当有人邀请你去参加派对或者活动，尽量试着答应他们。如果你感觉很焦虑（很多人都这样），可以给自己找个伴儿，两个人一起去。

4

如果你感觉开启一段对话特别困难，可以提前想一个话题或一个问题，提问可以帮你轻松打开话匣子。

5

当你和别人在一起的时候，可能会表现得比较安静，不知道说什么。这不要紧，你只需要跟着大家微笑或者大笑，他们就会因为你在这儿听他们说话而感到很开心。

6

在线上聊天也是认识朋友的好办法，这让你有充分的时间想好下一句要说什么。

7

跟大脑的能力一样，练习是必要的。所以，尽管我希望你看到自己内向那一面的宝贵之处，我还是想鼓励你能抓住每一次人际交往的机会来提高你的交际能力。我向你保证你会感觉越来越轻松的！

你是外向的人吗

如果你是一个更外向的人，留心哪些活动让你感觉心情不错，找机会让自己每周都参加两次。但是你也要练练怎么取悦自己。如果朋友们有时候不想出门也别伤心，有时候人们会喜欢比较安静的活动，这也不意味着他们就是无聊的人，每个人喜欢的事物是不同的。

你会容易感到害羞吗

你认为自己是一个容易害羞的人吗？是不是当你感觉别人在看你的时候，就会浑身不自在？别对自己太苛刻了，感觉害羞是很正常的，对年轻人来说更是如此。在他人的帮助下，你可以慢慢学会如何自我调节。

通过练习，你可以逐渐克服害羞的感受。你可以找个信任的人在一起，互相打气来完成一些小挑战，比如主动跟商店店员说话、打一通简短的电话，或者向你朋友的父母提一个问题。你尝试得越多，就会感到越轻松。

你是个很敏感的人吗

敏感是件好事，因为这意味着你会考虑别人的感受。但是太敏感就可能会带来问题，你可能会受伤，可能会浪费时间考虑那些无法改变的事情，还可能会把别人的需要放在你自己的需求前面。

做你自己最好的朋友吧。想象一个善解人意的好朋友会对你说什么，然后把这些话说给自己听。比如，一个朋友可能会说："别担心，你是一个很好的人。"现在，把这句话说给自己听。

你缺乏安全感吗

缺乏安全感是一种对自己的负面感受，是指觉得自己不够好，或者认为别人都不会喜欢自己。即使看起来很自信的人也会缺乏安全感。安全感的缺乏可能会给朋友关系带来问题，你可能会过度关注自己有没有什么问题，可能会表现出嫉妒，还可能会反复要求对方来安慰你，而这有时候还挺烦人的。

留意自己或者朋友说的话是不是出于自我怀疑，努力培养那种你们双方都能互相欣赏、互相安慰的友情。

总而言之，试着找到那些能让你感觉很好或者能提高你生活质量的人和事物，远离那些让你感觉不好、生活变差的人和事物。这并不意味着要变得自私或者只考虑你自己，你要首先照顾好自己的需要，然后才能更好地帮助其他人。

怎样维护你的朋友关系

搭建好了你的后援团之后，怎样才能让这些友情和人际关系更加坚固呢？下面这些建议对所有类型的人都适用！

- 保持联络——不用每天都联系，但是如果你忽略一个人太久，你们之间的关系就会变淡。你需要让他们知道你就在这里，问一问他们最近过得怎么样，给他们发一条问候的消息。
- 记住对他们来说特别的日子——生日、获得重大成就的时刻，以及其他他们感觉非常担心或期待的事情，让他们知道这些你都记得。
- 在他们低落时伸出援手——如果你知道他们现在正感到沮丧、害怕、焦虑，不论你能否把问题解决掉，都可以向他们表达你的关心。

- 倾听——当有人向你倾诉自己很担心的事情时，尽量不要无视他们。认真倾听，并告诉他们你为他们感到心疼和惋惜。
- 一些小的给予——一张贺卡，一个微笑，一份小礼物，一条信息。不过不要花太多钱或者做得太多，否则看起来就会有些用力过猛。如果不能给你同样的回馈，他们可能会感到不舒服。金钱买不到的礼物才显得最用心。
- 留心谁被遗忘了——有时候安静的朋友可能会被大家遗忘掉，因为其他人可能会忘了他们还在这儿。如果这种情况发生在你认识的人身上，你有没有办法可以确保他们如果想要参与就能融入进来呢？

神奇大脑冷知识

研究表明，我们和其他人在一起的时候比独处的时候更爱大笑，而且我们和朋友在一起的时候比跟陌生人在一起时笑得更多。大笑对我们的身体有益，如果你感觉情绪有些低落，和朋友一起做点事儿会让你更容易找回那久违的笑容。

认识新朋友

人的一生会拥有很多不同的友情。有的友谊长达数年，深厚且意义非凡，有的就比较短，也没那么重要。你没办法在关系刚开始的时候就判断出它的走向，但是如果你从一开始就没有建立连接，那它们压根就不会存在。

这儿有几个值得一试的方法：

- **在你们同年级的同学中，有没有人你还从来没有和他（她）说过一句话？明天你可以试着跟他们打个招呼。**
- **最近有没有什么派对或者活动让你可以遇到新的朋友？提前想一想你可以对第一次见面的人说什么。**
- **你是否在一个线上的群组中呢？如果是的话，想一个可以向群里的某个人提问的问题，表现出兴趣。**
- **友谊通常是从分享信息开始的。写下 3 条你愿意让朋友们知道的关于你自己的事情。**

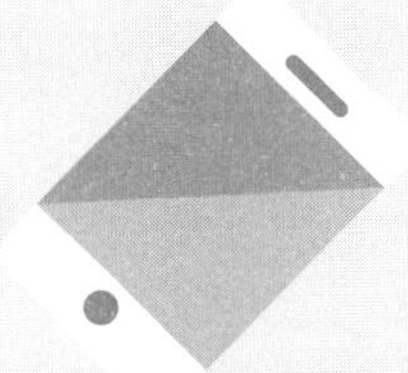

充分利用社交媒体

社交媒体以及各种技术、设备都可以帮助我们跟其他人保持联络。这里有一些办法可以让我们充分利用它们：

- 如果你很害羞，你可以很轻松地与人接触。
- 如果你加入了群聊，别人可以听到你的发言。
- 你可以和另一个时区的人们对话。
- 不同的对话可以同时进行。
- 如果你感觉身边没有志同道合的人，可以在网上找找看。
- 如果你感觉焦虑或者沮丧，即使朋友不在身边你也可以选择线上聊天。
- 你可以提前想好要说的话，这一招在聊棘手的话题时格外有用。

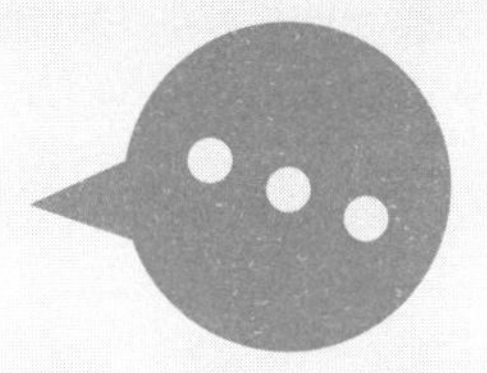

但是社交媒体也可能带来麻烦，这些方法可以帮你识别和避免这些问题：

- 在社交媒体上花太多时间会挤压我们学习其他技能的时间，这会影响我们大脑的运作方式。
  一定要留出足够的时间给锻炼身体、面对面交流、培养其他兴趣爱好以及完成学业和陪伴家人。
- 发出一条会让你后悔的消息变得轻而易举，特别是在愤怒或者沮丧的时候。在一段正常的对话中，你只要说一句对不起就好了，但是它却会被保留在文字消息中，并且可能会被转发给别人。
  想好了再点“发送”。提前想想你后面可能会怎么想、会有什么感觉，别在愤怒或者沮丧的时候发消息。
- 你可能会发出你之后会后悔的一张照片或者一段视频。到时候想要撤回可能很困难，甚至不可能撤回了。
- 想一想你会希望父母或者爷爷奶奶看到你正在发送的这条消息吗？如果不希望，就别发！

- 正跟你聊天的人可能并不是他们所说的那样，他们可能是很危险的人，下面的这些提醒你千万要记得！
  永远不要公布你的个人信息细节（住址、学校、全名、父母的名字或职业，甚至是你的宠物的名字），也永远不要同意跟你从来没见过的人见面。如果有人约你见面，或者向你索要个人信息，就告诉一个你信任的成年人。如果你感觉不对劲，一定要告诉身边的人。
- 害羞的人可能会用社交媒体来避免真实生活中的人际交往，但是面对面交流是非常重要的。
  锻炼你的面对面交往能力，练习得越多，就会感觉越轻松。可以先从一个你感觉相处起来比较舒适的人练起。
- 在睡前的一两个小时内，使用社交媒体可能会让你睡不着。
  睡觉前两小时就关闭所有的电子设备。

ACTIVITY FOR THIS CHAPTER

本章活动

想一两个你的好朋友或者你比较喜欢的人，可以是你的同龄人，也可以是成年人。写下他们的名字或者给他们画一幅画，然后在下面写上这些内容：

他们的三个优点。

他们做过的对你帮助很大或者让你感觉很好的一件事情。

你为他们做的很有帮助或者让他们感觉很好的一件事情。

他们能在哪些问题上帮到你。

你最喜欢和他们一起做哪些事情。

描述一下你第一次见到他们或者第一次跟他们说话时的场景。

下次见到他们的时候，你会对他们说什么。

你学到了什么

每个人都需要自己的社会支持系统。不一定得是一大群人，但是你需要知道他们是谁，并且相信他们会一直在这里。有些人喜欢热闹的大型社交场合，而有的人更喜欢小型的、安静一点儿的交流。面对面聊天有时比线上聊天更难，但这非常重要，也很值得，你需要不断练习才能变得更加熟练。

让自己更有韧性

要点前瞻

没有人希望糟糕的事情发生在自己身上。在遇到挫折之后，我们每个人都需要具备重新振作和找回自信的能力。这种重新振作起来的能力通常被称为心理韧性。像其他所有能力一样，心理韧性也来自大脑。

WHAT YOU NEED TO KNOW
你需要知道的知识

心理韧性到底是什么

在糟糕的事情发生之后，你能不能很快振作起来呢？“糟糕的事”可以是令你失望的小事儿，也可能是重大的灾难。从挫折中恢复过来的确很难，你需要找回继续前行的信心，并抓住新的机会。这种从挫折中重新振作起来的能力就是心理韧性。

重新振作之后的你，不会跟曾经的你一模一样。每一段经历都会创造新的记忆，而这些新的记忆会成为你的一部分。你会变得更强大！

你也不用马上从一段很糟糕的经历中振作起来。在刚开始的一段时间里，感到不知所措是很正常的，哭泣和需要帮助都没关系。即便是心理韧性很强的人有时候也会感觉自己被压垮了。

拥有心理韧性，意味着你可以回顾这段经历，然后说：

“我承受住了那些打击。现在我可以从中有所学习了。如果类似的事情再次发生，我的经验会帮助我更好地应对它。”

心理韧性让我们能够从错误中学习，在下一次尝试中就更容易获得成功。

有的人天生就心理韧性强吗

有时候看起来像是这样的。你可能会有这样的朋友，他们看起来可以云淡风轻地面对困难，考试挂科了也不放在心上，对未来也从不感到忧虑。他们是天生就更有韧性、更强大吗？这可不一定哦，这里有一些他们看起来心理韧性更强的原因：

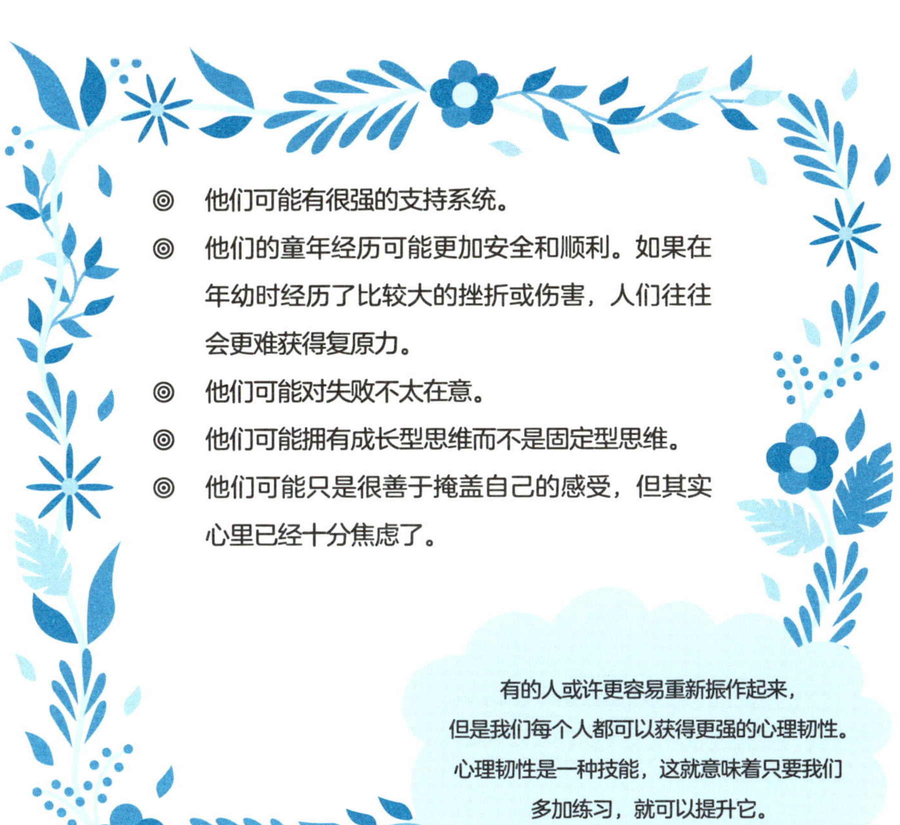

◎ 他们可能有很强的支持系统。

◎ 他们的童年经历可能更加安全和顺利。如果在年幼时经历了比较大的挫折或伤害，人们往往会更难获得复原力。

◎ 他们可能对失败不太在意。

◎ 他们可能拥有成长型思维而不是固定型思维。

◎ 他们可能只是很善于掩盖自己的感受，但其实心里已经十分焦虑了。

有的人或许更容易重新振作起来，
但是我们每个人都可以获得更强的心理韧性。
心理韧性是一种技能，这就意味着只要我们
多加练习，就可以提升它。

挫折一定能让我们更强大吗

不一定。有时候我们得不到我们亟需的帮助，有时候经历的那件事就是太难了。如果你感觉有件事对你冲击很大，你很难振作起来，我有两句话要分享给你：

别责备自己，就连大人也有很多搞不定的事情。

那件“打败”你的事情发生在过去，而不是在将来。从现在开始，你可以学着变得更有韧性、更有信心。你可以为自己锻炼出一颗有韧性的大脑！

脑力开发小妙招

想一个在过去几个月中曾经帮助过你的人。他（她）可能说了一句暖心的话，或者倾听了你的一个困惑。也可以想一个曾经让你对自己重拾信心的人，比如一个在你需要的时候坚决支持你的人。

你会向他们表达你的感激吗？你会给某位曾经帮助或支持过你的成年人写感谢信吗？

大脑的哪些部分让我们产生焦虑的感觉？

当我们面对威胁时，杏仁核马上会觉察到危险，然后触发压力反应机制。威胁可以来自头脑中的想法，所以即使你只是想到了一些让你感到紧张的事情，你的杏仁核也会触发焦虑感的生成。

心理韧性和大脑有什么关系

心理韧性是一种在大脑中产生的心理能力，作用于你的感受、思想和行为。你的大脑是一切想法和感受发生的地方，也是一切行为开始的地方。

心理韧性可以帮助你的大脑学习很多其他东西。这是因为韧性给你学习的信心和渴望，以及一种相信我们可以从错误中汲取经验的信念。如果生活中的坏事总是让你沮丧，而你却无法振作起来继续努力，那么你就会失去很多学习、成长和过上理想生活的机会。

让我们来看一看该怎样提升心理韧性，从而塑造一个更强有力的大脑吧。

HOW TO USE THIS KNOWLEDGE
怎样把这些知识用起来

下次遇到挫折的时候，下面这些事情可以帮助你更好地应对。

运用成长型思维

在第 1 章，你已经学习了什么是成长型思维，你可以提醒自己：

“通过不断学习、充分练习和不断尝试，
我可以提升自己的任何技能。”

你可以翻回去复习一下成长型思维的重要性。

成长型思维和心理韧性是紧密相关的，因为它让你相信自己可以通过练习来提升自己的能力。而心理韧性也是一种能力，因此你可以不断尝试、练习和观察那些有心理韧性的人会做什么、说什么。

正视失败

谁也不喜欢失败，但是只有那些只尝试最简单的事情的人才永远不会失败。他们不用面对失败的风险，但是也不会感受到战胜困难的满足感。

我们有可能在各种事情上失败。小的事情，比如在课堂上答错了一道题，或者没做好一项作业。有的人会比别的人更在意这些。大的事情，比如你没通过一场很重要的考试，或者输掉了一场努力准备了很久的比赛。

失败有时候意味着你搞砸了，并且因此受到了批评。这是让人很难过的，你会感觉你让自己或者其他人失望了。

失败有可能是因为倒霉：比如面试那天你可能刚好感冒了，又或者你在起跑的时候滑倒了。

失败也有可能是因为有别人做得比你更好：比如你的对手做出了一个完美的体操动作，而你确实做不到。

失败也有可能全部或者至少一部分是你的原因。或许你没认真听讲或者不够刻苦，又或许你那天没吃早饭！

失败可以是非常私密的，其他人谁都没发现。也有可能是公开的，你可能感觉别人都在评判或者笑话你，尽管这事跟其他人没什么关系。

不论你失败的原因是什么，之后你都该这么做：

允许你自己感觉沮丧、烦躁或者尴尬，但是尽量不要用太长时间。

分析清楚失败的原因。其中有多少运气的成分，又有多少是你可以控制和改变的事情？

忘掉那些运气的因素，聚焦于你可以改变的事情。

现在你就已经获得心理韧性了！如果下一次在需要的时候，你还能这么思考，那就可以说你是心理韧性非常强大的人了！

脑力开发小妙招

我一直觉得“失败”听起来太像是结果了，我更喜欢把它看作是“绊了一跤”。当你跌倒的时候，你不会一直趴在地上，你会自己爬起来，仔细看看是被什么绊倒的。如果你刚才没有好好看路，下次就会记得要小心一点。如果这实在没法避免，那就继续往前走。

给完美主义者的建议

有的人需要把所有事情都做好，而且必须得是做得最好的那个。我们称这样的人为完美主义者，而他们通常有这两个问题：

他们忘记了为自己已经做到的事情而感到骄傲。

他们把事情搞砸的时候会感觉非常糟糕，而且会不受控制地一直想着这件事，这样他们就会失去进步的机会。

有志向是好的，但是没有人可以永远做到完美。如果听起来你就是这样的人，可以在做错事情的时候试试这些建议：

认识到完美主义者的优势所在：你的目标比较高，也经常能做得很好，但是也要意识到这会让你在失败的时候感觉更加糟糕。

当你觉得别人都在笑话你的时候，一定要明白，也许事实不是这样的。而且就算真的在笑，这不是他们在浪费自己的生命吗！这又不会让他们的生活或者大脑变得更好。

你可以提醒自己，尽管事情不能如你所愿的时候会感觉很糟糕，但是很快你就会好起来的。

记得运用成长型思维：让我们做得更好的是不断尝试。

做自己的好朋友：如果是你的朋友处在这样的境遇里，你会对他 / 她说什么呢？

跟你信任的人分享你的感受，倾诉和倾听真的会很有帮助。

跟合适的人待在一起

你每天都跟谁待在一起会在很多方面影响到你：不只是思想，还有行为和情绪。如果这些人积极乐观、充满激情，你大概率也会这样。如果他们充满焦虑和压抑，你的情绪也会变得低落。

如果你身边的人表现得韧性很强、勇敢且镇定自若，这也会帮助你发展出这些特质。

所以，如果可能的话，和具有心理韧性的榜样待在一起也很有帮助。

但很多时候事情可不是这么简单。比如说，现在你的一个好朋友正在经历一段很艰难的时光，感觉备受打击。你可不能在这个时候抛弃他们，那么你可以做什么来让你自己保持镇定，同时也能支持他们呢？这里有几个建议：

- 确保你也能花些时间和那些自己心情愉悦同时能让你感觉积极向上的人在一起。
- 确保你能花时间照顾好自己的身体，好好吃饭、保证充足的睡眠、进行足够的运动和适当的休息。如果你照顾不好自己，那就更没办法照顾别人。
- 如果有机会，鼓励他们向有能力帮助他们的成年人求助。你不应该把他们的问题扛在自己肩上。
- 邀请他们来读这本书吧，书里有给各年龄段的人的建议哦！

信任你的支持网络

成为一个有心理韧性的人并不意味着你需要独自面对所有问题，人类的成功就是来源于彼此的帮助和支持。

如果你求助的话，谁会来帮助你？翻回第 87 页看看“了解你的后援团”那一节，提醒自己那些人就在你身边，然后试一试第 98 页的那些活动。

不同的人可以在不同的情境里帮助到你，你可以选择遇到问题和困难时去联络谁。

当你完全相信有人会在你身边支持你时，你会自然而然地变得更有心理韧性。你会更有勇气面对困难，因为你知道在你需要的时候，一定会有人向你伸出援手。

脑 力 开 发 小 妙 招

想一想你可以为任何你认识的人做的一件好事是什么。为他人做好事有好几重意义：你帮助了一个人；你和他们之间的联系会变得更紧密；你会获得很好的自我感觉，让你的大脑充满能量；而且，你让这个世界变得更美好！

采取有效的挫折应对策略

当生活中出现波折，我们需要采取健康有效的措施来让自己保持坚强，我们称这些措施为应对策略。

下面有一些建议来供你选择。

找人聊聊

大部分人都很愿意被求助，这意味着他得到了信任。

你求助的人或许没有现成的答案，但是不要紧，重要的是分享你的情绪和困扰。通常在我们感觉压力很大的时候，我们的思想会变得混乱、失序或者陷入负面，找个人聊聊是一个很积极的应对策略。

照顾好你的身体健康

如果你感觉食欲不振，这很正常，而且在短时间里不会有什么问题。但还是要尽快让自己好起来，第 2 章提到的方法可以帮到你。

确保你能获得充足的睡眠。如果你因为焦虑而睡不好，可以试试第 4 章提到的小建议。

人们在经历困难的过程中，经常会忘记照顾自己。即使你感觉并不想去走一走，去游泳或者跟朋友到公园里踢球，这些事情都会让你感觉好一点儿。关于这一点第 3 章有更详尽的讲解。

如果你喜欢阅读，那可以在睡觉前让自己读一本非常引人入胜的书，你也可以听一听放松的音乐或者有声书。第 9 章我们会讲到阅读的力量。

做你自己的好朋友

如果你的一个朋友正在经历类似的事情，你会对他们说什么呢？你会怎样安慰他们、支持他们？又或者你会想办法让他们不要再担心吗？把这些话说给你自己听吧！

心怀感激

不论你正在经历什么，总有一些事情是值得庆幸和感激的。你可以庆幸今天是个艳阳天，或者你有很好的朋友，或者爸爸给你做了最喜欢的菜。你甚至可以想一想事情完全有可能比现在更糟糕，然后庆幸它们并没有恶化。

你可能需要别人帮帮忙才能找到感到庆幸和感激的事情，找个人聊聊往往可以给你灵感。

给自己点个赞

你正在经历一件糟糕的事情，而你没被它击垮。你会熬过去，然后学到如何成为一个更强大、更善良的人。

写日记

很多人感觉写日记非常有帮助，会让人心情好起来。你不用非得写得一手好文章，不过你肯定会越写越好的。你可以用日记本或者电脑来写，因为日记不是给别人读的，所以有没有错别字和用什么形式都没关系。如果你想画画，你也可以画下来，或者用表情符号来记录你的心情。你不用每天都写日记，但是很多人都发现这是个挺好的习惯。

你可以买一个设计好的日记本，里面已经安排好了主题和分区，这样你就不用思考怎么写了。很多这类的日记本都包含了建议或者问题来帮助你决定要写什么，而且本子的内页也不是空白纸，而是有方框可以填写进去，这样就可以让你写得更快更轻松。

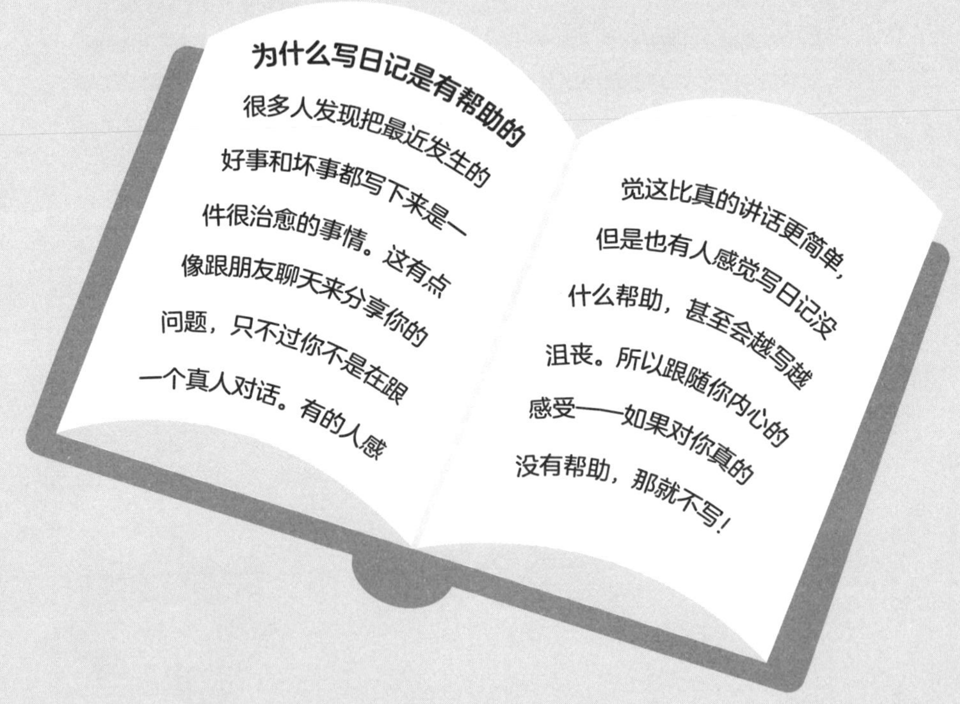

ACTIVITY FOR THIS CHAPTER

本章活动

回忆一次你遭遇的挫折，这件事情需要发生在几个月之前。可以在你的日记本里写下：

1. 那时你内心感受到了什么样的情绪？
2. 用从 1 到 10 的数字来表示，那个时候你的感觉有多糟糕？你能想起来自己当时有什么具体的想法吗？
3. 用从 1 到 10 的数字来表示，你现在回想这件事的时候感觉有多糟糕？当时的那些想法改变了吗？
4. 你认为这个经历给你带来了哪些积极正向的改变？比如“这件事帮助我更好地理解其他人的感受”，或者是“它教会了我怎样帮助另一个也在经历这样的事情的人”“它让我知道了我比自己想象得更坚强”，又或者是“我以为我撑不下来，但是我做到了”。
5. 如果这件事情再一次发生，你会作出哪些改变？

刚刚你已经展示出了你的心理韧性！

你学到了什么

你已经让你的大脑变得更有心理韧性了。你了解了从挫折甚至是灾难中振作起来是一种可以获得的能力，你知道了不需要因为感到不知所措而责备自己，因为就连成年人也经常会遇到很难解决的问题。你应该拥有成长型思维，而不是固定型思维。你知道糟糕的事情总会发生，但是通过不断努力尝试你一定能处理好它，而且在必要时也可以寻求帮助。你学到了一些行之有效的应对策略来帮助你渡过难关，而且你也获得了继续努力的信心。你已经学会怎样做一个更有心理韧性的人了。

保持好奇心

要点前瞻

人类天生就有好奇心，因为学习会给我们带来好处，但是好奇心也会给我们惹来麻烦甚至是危险，而且当我们需要集中注意力的时候它也会让我们分心。所以，我们需要保持好奇心，也需要注意正确地使用它。

WHAT YOU NEED TO KNOW
你需要知道的知识

与生俱来的好奇心

想一想远古的人类，如果他们没有好奇心，就永远不可能发现新事物。

他们就不会：

尝试新的食物
探索新的地方
设计出工具、车轮或者房屋
发明出创造性地解决问题的方式
问自己："如果我这样做了会发生什么呢？"

如果没有好奇心，就不会有电、药物、飞机、书籍、电脑、手机、游戏或是别的新奇的小玩意儿。

在小婴儿的身上就可以看到这种好奇心。他们很喜欢把东西捡起来，尤其是那些他们从来没见过的东西。如果一个小婴儿只是等着别人把东西递给他们，他们了解这个世界的速度会慢得多。同样地，如果你什么都等着别人告诉你，你学东西也会很慢。

拥有好奇心意味着想要找到答案，想要去探索和发现。拥有好奇心能帮助你的大脑快速地发育起来。

大脑喜欢新鲜事物

你的大脑喜欢两种截然相反的事物：

1. 熟悉感

你以前体验过的事物。举例来说，当你在学校食堂或者超市里选择食物的时候，你的眼睛会被你比较了解并且喜欢的食物吸引，你会更容易看到它们。

2. 新鲜感

崭新的、不同的和奇特的事物，这些东西会唤醒你的大脑。举例来说，一只在马群里的长颈鹿会比一只长颈鹿群里的长颈鹿更能引起大脑的警觉。到你从来没去过的地方游玩、听一种很特别的音乐、品尝一种新鲜的食物、遇见新的人，这些都会吸引你的注意力。

新鲜感会唤醒你的大脑，这样你就能获取重要的新信息。熟悉感意味着你不需要花太多精力在做日常的决定上，就可以把注意力留给新的事物。

脑力开发小妙招

提问题！当你感到不理解时，可以问身边的人，也可以翻翻书或上网查资料。提问题是我们拥有智力的表现，也是可以让我们变得更聪明、更智慧的方法。

好奇心会破坏注意力

你有手机吗？或者别的给你发消息提醒的设备？你用社交媒体吗？如果对以上问题，你的答案是“是的”，那么问问你自己：

当你试着把注意力放在学习上的时候，你的手机或者社交媒体是否一直在分散你的注意力？

你在电子设备上耗费的时间是否比你预想的多？因为你总是能找到新的东西可以看。

这就是你天生的好奇心正在破坏你的专注力。你正在试着同时做好几件事情，而真相却是：如果一件事情是需要你全神贯注的，那么当有别的事情在分散你的注意力时，你就做不好它。在各个年龄段的所有人身上都是如此。

举个例子，如果你想要写作业或者看书，你如果做以下的事情就没法做好：

- 你在看电视、看视频，或者哪怕只是听着声音。
- 有人在跟你说话。
- 有消息或者通知。
- 有广告或者动图出现在屏幕上。
- 你一直在想着别的事情。

听纯音乐有时是没有影响的，因为它几乎不会用到什么注意力，而且可以帮你阻隔令人分心的声音。

当我们聚焦于一件事情时，我们才能更好地集中注意力。有时我们真的不用这么好奇！这就是我说的要保持好奇心，但也要有意识地正确使用它。

神奇大脑冷知识

当你的神经元很活跃时，它们就会产生很微小的电流。如果你所有的神经元都同时活跃起来了（当然这是不可能的），那你会产生出足够点亮一颗灯泡的电量。在2015年，科学杂志的撰稿人麦迪·斯通向我们展示了理论上可以用一个人脑子里的能量花上70小时给一部智能手机充满电。很不幸的是，你的大脑将被耗尽所有能量，无法做其他的任何事情，包括呼吸。不过我们并没有收集这些电流的办法，所以这根本也不可能发生啦！

你的大脑会随着你的成长而变得更大吗？

是，也不是。在你生命的前两年里，它的体积会增大较快，一般在 10～14 岁就会发育完成。你的身体会继续长大，而大脑不会。

好奇心可能带来危险

想象一个婴儿对一个电源插座充满好奇，他正在努力了解这个世界，但是在这种情况下，好奇心是非常危险的。不过和小婴儿相比，你既有能力保持好奇心，同时又能保证自己的安全。

如果你不确定某件事是否有危险，那你可以：

用你的经验来推测，在必要的时候去检验一下。

咨询一个你信任的成年人，如果他们不知道，他们可以问问其他人。

咨询你的朋友们，如果他们不知道，他们可以问问其他人。

从书本或者互联网上获取信息。

人类的恐惧感也是与生俱来的，因为这可以帮助他们把好奇心控制在恰当的水平上。你需要恰如其分的恐惧和好奇心，你要做一个勇敢而非鲁莽的人！

HOW TO USE THIS KNOWLEDGE
怎样把这些知识用起来

这里有一些方法可以帮助你充分利用好奇心来开发你的大脑。

练习专注做事

当我们试着同时做好几件事情的时候，我们就没办法做好。所以，如果你有一项需要全神贯注才能完成的任务，就练习专注于做事吧，一次只做一件事情。下面是具体方法：

- 确保你的手机在视线之外，并且处于关机状态，最好把它放在另一个房间里。
- 如果你需要一台电脑或者别的电子设备来完成这个任务，关掉用不到的应用程序和窗口，最好把网络也断开。

- 根据你需要专注的时间来设置一个计时器，告诉大家在这段时间里不要打扰你。
- 如果你的思绪开始漫游，把你的注意力拉回到任务上并且告诉自己“我现在注意力集中得挺不错”。
- 如果听音乐可以帮助你集中注意力，那很好。音乐可以避免分心，但是要选择你比较熟悉的音乐，而且声音别放得太大。

全面调动你的大脑

如果你在某一种学习上花了太多时间，就会遗漏掉大脑中的其他区域。这里有一些活动可以调动大脑的不同部分，尽量让你的活动丰富多样，这样就可以增强你的好奇心和学习的欲望。

一项会用到手指的活动——比如弹奏乐器、敲键盘或者画画

和在同一间屋子里的人聊天

读喜欢的书

写作——充满想象的、观点、信件、诗歌、解释、信息

美术和手工——素描、油画、布艺设计、搭建结构性玩具

发明创造和解决问题

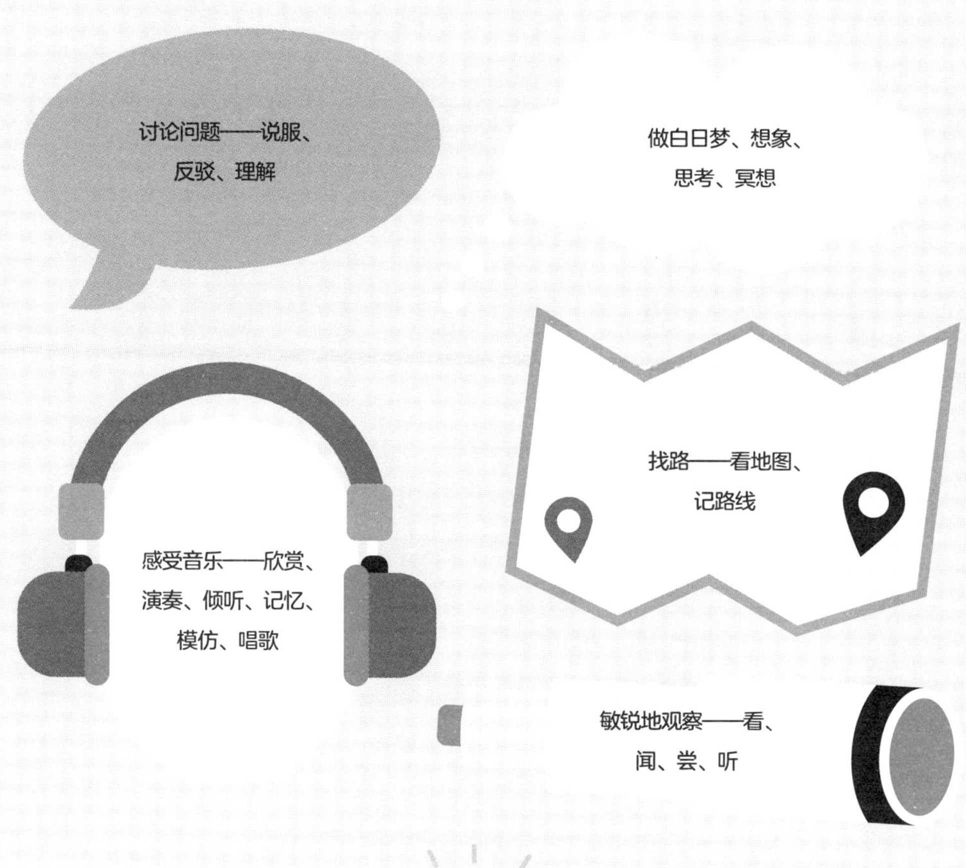

脑力开发小妙招

上面这些活动中，你上周都做过哪些？每做一项就给自己算一分，下周再看看你有没有做得更好。

上面哪些是你很少做或者从来不做的？想办法把这些活动引入你的生活。比如找个朋友一起研究一下可以做些什么，这样你的大脑就有机会尝试新的事物并充分使用它天然的好奇心。

让事情变得有趣

当我们对所做的事情感兴趣的时候，学习就会变得更简单、更有趣，也更高效。但是如果你需要学一件感觉很无聊的东西，该怎么办呢？怎么能让自己对它产生好奇心呢？

我这里有一些方法：

找一个让你心情愉悦的地方学习。坐在草坪上喝一杯令人神清气爽的饮料，或者在温暖的火炉前惬意地窝着。

用闪闪发光的笔或者很搞怪的字体来记笔记。

用很可笑的声音来朗读。

边走路边学习，或者单腿站着。

给自己一个有挑战性的时间限制。设置一个闹钟，然后告诉自己必须在这段时间内把事情做完；如果你成功了或者尽了全力，就赞赏自己一下。

向自己保证在完成之后会奖励自己好好休息一下。

把一件事分成几个小的部分，并且轮流用这些好玩的方法来做它。

你最喜欢的老师会怎样把这件事情变得有趣呢？

把所学的东西编排得更有趣，用唱歌、跳舞或者游戏的形式。

和朋友合作完成它。

成为一个“专家”

你可以在任何你感兴趣的事情上成为专家！有的专家通晓各种知识，你可以成为一个了解自己国家的历史或者名人事迹的专家。

还有的专家很擅长某种技能。你可以成为一个专业的糕点师、钢琴家、足球运动员或者程序员。有的技能也需要知识作为支撑，拿编程来说吧，你需要学习规则和语言，并且不断练习它。

让你为自己的成就感到骄傲可以进一步激发你的好奇心！

你可以考虑成为下面这些领域的专家：

ACTIVITY FOR THIS CHAPTER

本章活动

请给你的家人或者朋友出一份测试题，找到 10 件你认为他们不知道的事情。你也可以在网上找到关于各方面知识的测试题。或许你可以每周在家里组织一场知识竞赛，每个人轮流回答这些问题。又或者每个人都可以找 3 到 4 个问题来组成每周的题库，这样你们就都有机会答题了。

如果你想要大家高高兴兴地参与，一定要仔细地选择问题。选择一些他们感兴趣的话题，然后确保这些问题有一定难度（这样他们答对的时候就会感觉很有成就感），但是也不要太难（这样他们就不会太受打击）。或许你可以提供一个奖品：你可以为赢得比赛的人做一件事！

这个活动会锻炼大脑最爱的好奇心，并且在你寻找答案的过程中也积累了新的知识。

你学到了什么

作为人类，你天生就充满好奇心。你已经知道了怎样增强这份天然的好奇心，也迫不及待地想要充分利用好奇心来成为你选择的领域的专家，并且发展出大脑各种各样的能力。

使用你的好奇心是非常有趣的！你只需要把注意力放在感兴趣的事情上。当你不可避免地需要做一些不喜欢的事情时，你可以用我的小窍门来激活好奇心。

激发创造力

要点前瞻

人类是一个有着惊人创造力的物种。我们不只是照搬祖先的行为，而是不断改变着做事情的方式，并创造出新的方法，发明工具和各种美丽的事物。大脑的进化让你已经拥有了创造力，你只需要给自己一个尝试的机会。

WHAT YOU NEED TO KNOW
你需要知道的知识

创造力是什么意思

你可以在很多方面都充满创造力。举例来说，你可以创造出：

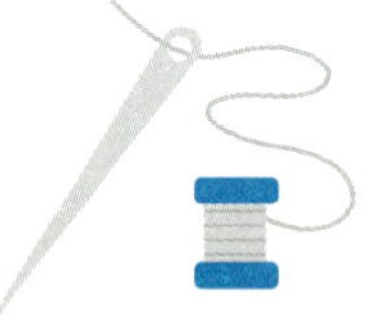

一幅画——用颜料、铅笔、拼贴、木炭或者其他任何你喜欢的东西

一首歌——有歌词或者没有歌词

一首诗——押韵或不押韵

一个故事——或长或短

一个雕塑或者模型或者任何三维立体的物件

设计一件衣服

设计一栋房子、一艘船、一架飞机或者是一座桥

发明一个东西来解决一个问题

一个新的想法，或是做一件事情的新方法

人的想法总是会被其他人创造的事物影响，但创造力一定不是模仿，而是产生你自己的东西。别人的想法可能会是你创造力的起点，但是你在某些方面把它变成了独属于你的东西。

人类和创造力

与其他动物不同，人类会持续且主动地改变自己生活的环境，创造视觉艺术、音乐、工程和建筑，还有机械、小工具以及诗歌和故事。人们一直都在创造新的艺术和设计，而不仅仅是模仿祖先。

人们很享受谈论自己创造的东西，讨论喜欢哪些、不喜欢哪些。只有人类这个物种的大脑可以做这些事情。

而且，创造力还有很多用处，很多职业都需要它。你也可以从一些需要发挥创造力的兴趣爱好中获得生活的乐趣，让你的大脑更加聪明。

有的人天生创造力更强吗

有的人看起来可能更有创造力，但是这大概率是因为他们有更多创造的机会。认真寻找，你也可以有这样的机会。还记得成长型思维吗？每个人的大脑天生都拥有创造的潜力，每个人都可以获得必要的能力和信心来激发大脑中奇妙的创造力，并享受其中的乐趣。

脑 力 开 发 小 妙 招

找一本介绍这些艺术家的作品的书或者一个网站：萨尔瓦多·达利、弗里达·卡罗、芭芭拉·赫普沃斯和巴勃罗·毕加索，他们毕生都在寻找一种可以让我们从全新的角度看事物的艺术创作方式。

创造力对大脑的益处

现在你知道了有创造力是一件好事，但是它对你的大脑具体有什么好处呢？

建立神经连接

创造力会调动大脑中的不同部分，所以好几个区域的神经连接都在不断生成和加强。

增强自尊心和自豪感

你有没有创造过什么让你感觉很骄傲的东西？想象一下，如果你书写、绘制或者设计了一个很特别、很有趣、很美丽或者很有用的东西，你会有什么感觉？你会感受到一种巨大的满足感，而且尝试的过程也很有趣。

感到快乐、享受和放松

不论是在学校还是在其他地方，你都可以发挥创造力。学校的任务经常和创造力有关，但是你也可以选择一些与之截然不同的创造性的爱好。这些爱好或许会是非常宝贵的休息和放松的方式。在第 10 章你就会读到劳逸结合对于学习的重要性。

消化负面情绪

创造力也可以改善你的心理状态，它可以帮助你消化负面情绪。很多人发现在忧虑、悲伤或者愤怒的时候，写作和画画对改善情绪很有帮助。

提升同理心

创造的时候，你经常需要识别别人的反应和情绪。你慢慢能够体会到不同人的感受，在你锻炼创造力的同时，你也在锻炼自己的同理心。

创造力调动的是大脑的哪些部分

很多部分！每一种不同的创造力使用的是不同的区域。下面是一些你会用到的区域：

前额叶皮质

这个区域用来解决问题和制订计划。当你思考一些创造性的方法的时候，你使用的就是大脑的这个部分。

视觉区域

如果你正在创造能看到的东西，或者只是想象着一些东西看起来会是什么样子，你都在使用自己的视觉区域。

情绪区域

创造力是一种表达情感的方式，而这个过程涉及大脑中包括边缘系统的许多区域。

大脑移植有可能在未来发生吗？

如果未来人类能够实现大脑的移植，那这实际上也是“身体”的移植，因为真正的“人”是那颗大脑和它的记忆。如果你的脑壳里被放进去了一个新的大脑，那么你也就不再是你了。全脑移植大概率还是只会发生在科幻小说里。不过在未来的某一天，人类或许可以通过移植大脑中的某些部分来替换损坏的部件。

HOW TO USE THIS KNOWLEDGE
怎样把这些知识用起来

锻炼创造力的办法有很多。有的需要花钱，但是大部分都不用，有的很好上手，有的则需要更多练习。尽你最大的努力来试试吧！你可能会收获一项新的技能，找到一个新的热忱所在或者业余爱好。

在你开始尝试之前：

1. 一定要遵循你所用的材料的安全守则。
2. 创造性的项目有可能是很混乱的，所以，要提前做好计划、保护好周围的环境，想好怎么清理溢出来的颜料，并且把清洁材料准备好放在手边。
3. 你可以先在网上搜一搜有什么好点子，这会让你玩得更开心，还能获得不错的成果。计划和准备总是值得的。

通过视觉艺术来表达自己

不要担心别人会看到你的作品——玩得开心最重要！

打开视野

不要只想着素描和油画，还有拼贴、卷纸、沙画、压花、描图等等。你可以用陶土、面团、木头或者石膏制作模型和雕塑，还可以用手机或者相机进行一些创作。有的艺术馆里还有更具创造力的点子。

你喜欢什么？

哪种风格比较吸引你呢？看一看书的封面、网页上的图、卡通和漫画。先研究研究你最喜欢的是什么风格，然后以此为灵感开始你自己的创作。

找到愿意分享的艺术家

很多儿童书的画师都很愿意分享自己的时间和点子，他们经常会在自己的网站或者社交媒体上邀请大家参加挑战、比赛或者分享免费的教程。

使用技术

有很多超酷的软件应用（有的是免费的哦）可以用来创作数字艺术品，上网查查都有哪些最新的选择吧。

使用工艺网站

上面有海量的手工材料，很多都很便宜就能买到。你可以在网上搜一搜在你的国家最火的是哪个网站。

用手机也可以创作

如果你有一部智能手机，你肯定已经拍了很多超棒的照片了——为什么不进行一些更高级的创作呢？你可以学习打光技巧、拍摄角度，还可以给照片加边框和滤镜。在网上能找到很多教程。

当个电影制作人

你可以在手机上制作出令人惊艳的视频。跟朋友一起拍摄可以给你更多选择，因为你可以从不同角度拍摄视频素材，再组合起来。

三维的作品也不错

你可以通过制作模型和雕塑来发挥创造力。模型可以用成套材料包来做，或者你也可以徒手用陶土、木头或者各种废弃物来做任何你想做的东西。

制作实用的物品

艺术品不一定要实用，但是实用的物品也可以很美丽。比如现在你想要买一件新的外衣或者一副手套，它们的外观跟实用性一样重要。下面有一些你可以制作的既好看也实用的东西：装饰硬纸板箱、给花盆画上彩绘，还有缝纫、针织、钩编、刺绣、织毯子、缝被子、做珠宝、做木制品等等。

脑力开发小妙招

给下一个节日制作装饰品。这样你可以省钱、玩得开心，还会因为亲手装饰了整个房子而感到很满足。就像往常一样，你可以在网上找到开始的灵感，你也可以邀请朋友们来家里大规模装饰一番！说不定你还可以把作品卖出去，为某项事业筹集资金。

用文字来表达自己

思考要写什么时，可以先想想你喜欢阅读什么。不用为了出版而写作，你可以为你自己或者朋友写作。你可以发起一个写作俱乐部然后跟俱乐部的人一起写作，也可以把自己的作品发到网上，或者打印出来自己收藏。很多人一辈子都在写但没有发表过自己写的东西，这也挺好的！下面有一些点子你可以参考哦。

1. 上网查查

搜索“小作家”以及你所在的国家或者你使用的语言，就会找到一些机构或者组织，你可以加入。在加入一个组织之前，先找一个你信任的成年人咨询一下。

2. 线上论坛

各地的年轻人都可以上传自己的作品到论坛上，真的非常激动人心，也很有用。但是你需要小心下面几种风险，它们在所有线上写作论坛都可能出现：

- 找到适合你的年龄的网站。如果你进入了一个由年龄更大的人组成的网站，你可能会看到令你不适的内容。
- 你可能会收到令人沮丧的反馈。
- 如果你在真实生活中的朋友也跟你上同一个网站，那你会获得更多的支持。如果你们之中的任何一个人发生了难过的事情，一定要告诉信任的成年人。
- 你的作品可能会被抄袭，或者你自己可能会不小心违反了版权法——你可以向图书馆管理员请教相关的规定。

3. 试试同人小说

同人小说（指利用已有的漫画、动画、小说、影视作品中的人物角色、故事情节或背景设定等元素进行的二次创作小说）是一种很有趣的练习写作能力的方法，而且还可以和同样喜爱这部作品的读者互动。不过，如果你在网上分享你的作品，那么需要选择和写作论坛相适应的主题。

4. 写一首诗或者一首歌

诗歌是表达自己最好的方式之一，因为诗可以非常短小。不一定要押韵或者每一行都有相同的字数。诗歌也可以很普通、很傻、很搞笑、很有说服力，或者别的你希望达到的效果。可以有非常美丽的描写，也可以平铺直叙，而且有的诗还可以唱出来。

优秀的作家都会反复推敲、修改自己的文字，直到读起来恰如其分。你也可以这样做。你可以反复打磨，花时间选择那个最完美的词语。很多人都喜欢写诗，因为你可以花很多时间打磨一个字数很少的作品，而不用打磨上千个字。

从不押韵的诗歌开始写比较好，刻意押韵可能会让诗歌缺少力量。朗诵你手中的字句，然后听听它的声音和韵脚。说唱是个不错的切入点，你最喜欢的歌的歌词也可以给你灵感。你还可以给你的诗配上曲子，把它写成一首歌！

用音乐来进行自我表达

有很多好的方法可以创作和享受音乐。如果你觉得它是音乐，那它就是!

创作音乐

如果你喜欢听音乐，你就可以创作它。音乐就是选择不同的声音、用特定的方式把它们组合在一起，让它听起来美妙悦耳或者表达出丰富的含义。你还可以制作乐器呢！很多人家里都有可以发出声音的物件，你可以在几个瓶子里装上不同数量的水来演奏，也可以把金属的、木质的还有石头做的等各种材质的物品当成乐器。

享受音乐

你不需要自己创作音乐，就可以用它来表达自己。选择适合你的心情的音乐就可以在其中倾注自己的情绪。你也可以伴随着音乐跳舞来表达自己的感受，没人会看到的！又或者你也可以加入一个舞蹈俱乐部或者跟朋友们设计一套舞蹈动作，这可以让你伸展自己的身体肌肉和关节，并且调动大脑的很多不同区域，对你的身体和大脑都有好处。

用小发明来表达自己

你有没有过那种特别好的点子，很有冲动把它实现出来呢？你的大脑最擅长解决问题了，去试一试吧！

解决一个问题

拥有创造力通常跟问题解决是相关的。你有没有想过："这个任务有更简便的做法吗？"或者有没有什么东西很烦人、需要修理一下？"怎么才能让我的卧室门不要自己打开呢？"让你脑中的创造力帮你想出解决问题的方法，然后去试一试吧。

3D 打印

我一直认为 3D 打印是 21 世纪的魔法，但是坦诚地说，我并不知道它的工作原理是什么，但是我确实知道有同学曾经用这项技术在学校的工作室里做出了非常惊艳而且有创意的作品。如果你们学校也有 3D 打印机，你会用它来做什么呢？

策划一个项目或者活动

比如一项慈善募捐活动，学校的一些活动、一次跟朋友们的节日聚会、拍摄一部你想拍的电影。选择任何一个涉及不同元素的活动，并且通过团队协作来实现目标。

ACTIVITY FOR THIS CHAPTER

本章活动

选择一首诗或者下面的艺术活动之一，给自己留出一个小时的时间，如果你喜欢的话可以边做边放音乐。

写诗的点子

- 选择一个你喜欢的字，然后花一分钟把所有能想到的以这个字开头的词都写出来。试一试你可以在一首 8 行的诗里放进去其中的多少个。
- 写一首象形诗，用诗句在纸上画出一个简单的图像。比如把一首关于树的诗写成一棵树的形状。
- 写一写你热爱的东西，比如你喜欢的食物、喜欢的地方或者喜欢的人。刚开始的时候可以先随手写下你喜欢他们的原因，然后再选一些来写成诗。
- 写一首藏头诗，也就是每一行开头的字连起来表达一个完整的意思。比如：

鳄鱼藏在河水里
鱼跃鹿跑惊扰它
要是小鹿走过来
吃掉小鹿它就跑
小鹿快速逃开了
鹿生一日多逍遥

《无题》
〔明〕徐渭
平湖一色万顷秋，
湖光渺渺水长流。
秋月圆圆世间少，
月好四时最宜秋。

艺术创意

用你喜欢的任何类型的艺术，选择下面的话题之一来描绘或表达：

- 害怕
- 在我的镜子里
- 一个梦
- 明天
- 晚年
- 绿色
- 一片新叶
- 音乐的色彩
- 宇宙
- 仙境
- 影子
- 甜

你学到了什么

你为自己的神奇大脑发现了新的可能性！这些有趣的事情可以锻炼和开发大脑，特别是那些使我们人类变得独特的大脑区域。你不需要从事一个大家认为的创意性职业，但是你依然可以表达你自己，并且一生都保持创造力。

拥有创造力是很享受和放松的事情。它可以提升你的自尊心，而且也能制作出你和大家都能欣赏的作品。你有很大的可以选择的余地，就算用一生的时间来尝试各种不同的创意，你还是没办法把每个都试一遍！

爱上阅读

要点前瞻

如果你本来就很喜欢读书，那好消息是，这对你的大脑好极了！如果你不喜欢读书，或者你感觉它又费劲又无聊，我会向你展示怎样把阅读变得轻松又有趣。阅读会开阔你的视野、开启你的思维。

WHAT YOU NEED TO KNOW
你需要知道的知识

阅读能给大脑带来什么好处

好处超多哦！读书，特别是读自己喜欢的书，已经被证明可以改善下面这些方面：

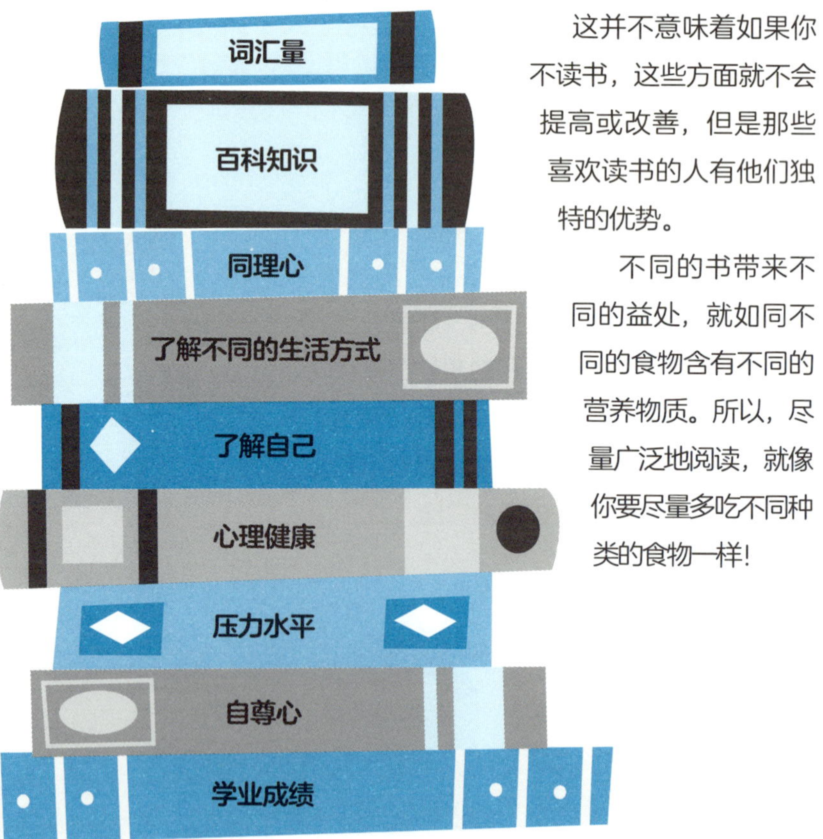

这并不意味着如果你不读书，这些方面就不会提高或改善，但是那些喜欢读书的人有他们独特的优势。

不同的书带来不同的益处，就如同不同的食物含有不同的营养物质。所以，尽量广泛地阅读，就像你要尽量多吃不同种类的食物一样！

脑力开发小妙招

“悦读”是我编的词，它的意思是“为了放松而阅读”。很多研究表明，阅读对绝大多数人来说都是非常好的放松方式。你也可以按照下面的指示连续做 7 天：

1. 做好在床上读书的准备。
2. 用一个 0 ～ 4 的量表来记录你现在的压力水平。
3. 花半个小时来读一本你喜欢的书。
4. 用 0 ～ 4 的量表来记录你在读书后的压力水平。

大部分人都会发现自己的压力变小了。这不是非常科学的计算方式，但是你的感受本来就是最重要的！

你的大脑早就为阅读做好了全部的准备

让我向你展示一下你的阅读技能有多棒吧！

当我告诉你的时候，翻到下一页。当你翻页的时候（现在还别翻），你会看到一个方框里有一个两个字的词语，还有 8 个数字。

不——要——读那些字或者数字，明白了吗？不要读那些字或者数字。

但是，在我发令之前也不要把方框遮起来。

如果你不小心读了上面的字，尽量把它们忘掉。

现在开始翻页。尽量不要读方框里写了什么，而是要读下面的那几行字。

大象
36278149

现在你已经翻到这一页了，但是你没有读方框里的文字或者数字，这很棒！你可能在好奇这到底是在干什么，不要着急，马上就会知道了。

现在这样做：

1. 用手或者一张纸把那个方框遮起来，一直遮着它直到我告诉你可以把手拿开。
2. 说出方框里的词。我猜你知道，因为你的阅读能力太强了，不管你多么努力地不去读它，你也做不到真的不读！
3. 现在请你把数字说出来吧，我猜你说不出来！这是因为数字和文字是不一样的。数字本应该更好读，因为它们全都有规律，而且你只需要学 9 个符号。但是你阅读文字的能力却比读数字的能力强得多，也更加自然。

现在你相信自己很擅长阅读了吗？你真的太擅长了，以至于想不读都不行。

你读了什么重要吗

只有一条重要的规则：必须是你自己选的书，不是别人选的！要享受阅读，而不是被人要求着阅读。为什么一定要自己享受呢？有一个很好的解释：如果你不能够享受这件事，你就不会去做它，而如果你不去做它，你就不可能擅长它。这就是练习的意义。

成年人总是说：“你真的不想再读一遍这本书了吗？”或者：“你就不能换一个作者的书读一读？”当然了，适当地挑战一下自己是挺好的，但是对于阅读，最重要的就是要自己去读。享受阅读需要读能带给你快乐的书，而不是带给别人快乐。

每个人都是不同的。有的人喜欢学习知识，有的人喜欢进入奇幻世界，有的人喜欢被吓到或者被逗笑，有的人喜欢惊喜，另外一些人则希望能感受到安全。读哪些书的选择权在你手中。

大脑跟我们的两个拳头放在一起一样大吗？

这取决于你的拳头有多大，而这又取决于你的年龄。人类完全成熟的大脑的体积差不多相当于两个成年人的拳头。

阅读电子书还是纸质书是否重要

不管是在屏幕上阅读还是在纸上阅读，都是在阅读，我们也都可以享受其中。有的人更喜欢其中一种，这两种方式都有优点。

在做选择之前你需要知道：

1. 阅读电子书的缺点

- 在阅读测试中，考生如果是在屏幕上而不是在纸上作答，他们的成绩通常都会稍差一些。文本的难度越大，差异越明显，如果你阅读的内容比较难理解，纸质书可能是更好的选择。
- 很多人都感觉在屏幕上阅读时很难“沉浸其中”，但是如果电子阅读对你来说非常轻松，那就没什么问题了。
- 在电子屏幕上阅读时，我们会因为各种干扰更难集中精力：广告、移动的图片、通知、超链接，等等。
- 如果你在睡前看书，那么屏幕的亮光让你更难入睡。（见第74页）
- 很多印刷出来的书都很漂亮，有着精美的封面和丰富的插图。人类天生就喜欢美丽的事物，所以一本纸质书可能会鼓励或者提醒我们来阅读，而这一点在电子书上是无法体会到的。

2. 阅读电子书的优点

- 你可以随时改变字体的大小和背景色，这对有的人来说特别有帮助。
- 你可以查一个词的意思或者读音。（尽管这其实也可能干扰到你）
- 你可以存储上百本书，然后轻松地把它们带在身上。
- 电子书通常都比较便宜，有时甚至是免费的。（确保你阅读的是正版书）
- 人们不会知道你在读什么，所以你不会被别人指指点点。

如果你喜欢读电子书，而且感觉很容易就可以沉浸其中，那么这肯定是个不错的阅读方式。电子书和纸质书没有优劣之分，选择你喜欢的方式就好。

有声书也有一样的效果吗

听有声书使用的是另外的一些技能和大脑区域，但这也是一种很好用的阅读方式。你可以很放松地听一本书，这种方式让你可以比较享受地阅读那些比较长或者有点难的书。你可以在长途旅行车上听，这时候看书会让你犯恶心，而睡前听书也不需要开灯。

但是，阅读是一个特别重要的能力。想想我们每天的日常生活你就会发现，文字无处不在。如果不能很轻松地阅读文字，会错过很多机会。流利阅读文字的能力可以让很多工作变得轻松简单，也会增强自信心和自尊心。除此之外，很多书都没有有声书版本。读书调动的大脑区域比听书要多得多，阅读也是在更有效地锻炼大脑。

有时候有声书是一种不错的选择，但不要让大脑错过最重要的阅读体验。请你拿起一本书，投入书本里奇妙的文字世界之中吧！

观看一本书改编的电影也对大脑有好处吗

看一部电影或者电视剧只能用到我们大脑比较少的区域，对大脑的锻炼不如阅读那么多。看影视剧也很有用，而且是很不错的享受，但是它们无法替代阅读。

大荧幕上的故事并不能调动你的想象力，因为所有的画面都呈现在你的眼前了。而在阅读或者聆听一本书里的文字时，你的大脑会自己创造出其中的场景。阅读的体验也是更加个人化的，因为它只存在于你的头脑里。

但是大荧幕让你可以体验到自己不会去阅读的故事，这也可以开拓你的视野。它们对你大脑的意义与阅读不同，也是非常有趣且有益的学习方式。这几种方式都可以帮助你开发神奇的大脑！

HOW TO USE THIS KNOWLEDGE
怎样把这些知识用起来

无论你现在是否喜欢读书，都看看下面这些建议吧。我相信每个人都会从中找到有用的东西。

找到属于你的阅读风格

下面这个活动会帮助你找到自己喜欢的书。这里有一连串我们可以从书本中获得的东西，选择其中 2 ～ 4 项你喜欢的：

大笑
感到害怕
阅读令人悲伤的故事
感到恶心或者恐惧
暂时的逃离
感到放松
学习事物运作的原理
认识有趣且真实的人们
了解过去
了解科学发明和宇宙奥秘
阅读和你相似的人的故事

阅读和你不同的人的故事
阅读人们是如何克服困难的
将你的头脑向新鲜事物开放
解开一个谜团
延展你的想象力

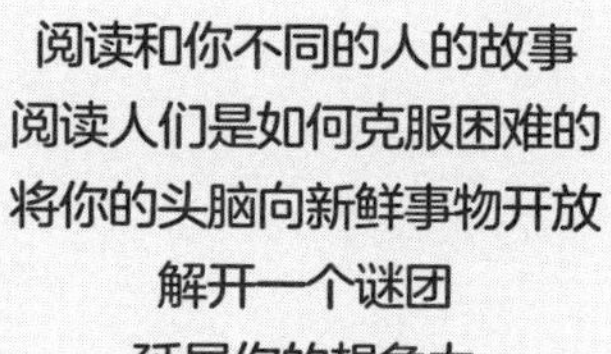

选择一本可以带给你上面罗列出的这些东西的书。咨询一位图书管理员、图书销售或者任何一位爱读书的人，他们会给你一些建议。你也可以使用线上选书工具。还有一个好办法是多选几本书，万一你不喜欢读你选的第一本，也可以有备选。

选择你会在哪儿、在什么时候阅读，以及决定你要读多长时间。让自己舒服地待着，并且确保不会被打扰。现在尽情投入你选的书吧。

你有没有感受到自己想要的那些感觉呢？如果有，那就太好了！如果没有，就再选一本吧。也可以试试下面的这些点子对你是否有帮助。

如何更好地享受阅读

设置简单的阅读目标

读起来比较简单的书也可以非常精彩、激动人心、有趣和令人大开眼界，和别的书一样值得一读。“简单”对每个人来说都是不同的。对我来说读一本漫画小说就一点儿也不简单，但是对你来说未必如此。

选择适合的书

想一想你的兴趣是什么，然后基于此来选择书籍。如果你喜欢某个体育明星或者有某个兴趣爱好，就可以选择与之相关的书。如果你想读关于狼人的书，就去读吧！如果你的朋友都在叽叽喳喳地讨论某一本书，但是你并不感兴趣，这也没什么，并不是所有人都必须喜欢同一本书。

不一定要把书读完

如果你不喜欢一本书，不用非得把它读完。这个世界上精彩的书太多了，没必要花时间在不适合的书上！

爱上学校图书馆吧

一所学校的图书馆可以帮助我们成为超棒的读者。学校的图书管理员比任何人都更了解怎样选书。告诉图书管理员你在找什么样的书。永远不要害怕说出你感觉阅读很难或者无聊，图书管理员会欣赏你为之作出的努力。

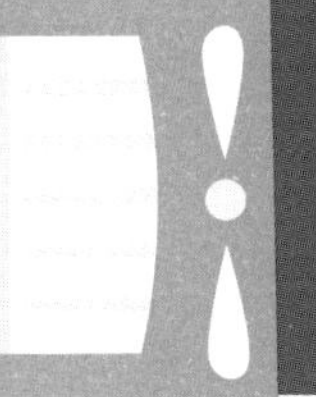

爱上公共图书馆

公共图书馆在学校放假的时候也是开放的，而且也有经过培训的专业人员来帮助各个年龄段的人找到喜欢的书。图书馆里的书都是免费的。

加入或者发起一个读书会

可以是在学校里，也可以是在学校外。这是一个把阅读变成社交活动的绝佳方式，同时还可以获取关于书籍的新思考。你也可以在网上找到组织，找一找和你年龄相仿的人组成的读书会，这样可以让阅读变得更有趣和放松。

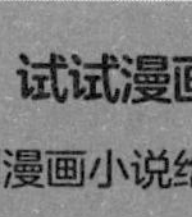

试试漫画小说

很多读者都感到漫画小说给书籍赋予了活力，很多经典的小说都被改编成了漫画小说。

选择非虚构类作品

你可能喜欢阅读真实发生的故事或者知识类的书籍。可以想一个你感兴趣的话题、事件或者人物，然后请图书管理员给你推荐一本与之相关的引人入胜的书。

脑力开发小妙招

选择任意一本你读过的书，给它设计一个封面，并赋予全新的设计风格。你可以在纸上或者电子设备上完成它，把它展示给你们学校的图书管理员，或许你还可以把它发给书的作者呢！

参加趣味挑战

阅读挑战通常都在比较长的假期举办，而且一般都是由学校、图书馆或者国家阅读机构组织的。它们通常是非常有趣和激动人心的，而且会有很多推荐书目。

期待睡前时光

读过第 73 页的内容，相信你已经知道了睡前的固定动作有多么重要，而阅读就是其中一项非常好的活动，它可以让你放松下来。

电子书还是纸质书——选择权在你手中

读过第 148、149 页的内容，相信你已经了解到二者的不同之处。如果选择电子书，那么要确保你关闭了消息提醒功能。如果你是在睡前阅读的话，记得把屏幕的亮度调成睡眠模式。

给有阅读障碍的读者的特别建议

如果你有阅读障碍，有一些事情可以让大脑更好地理解书面文字。有时是纸的颜色或者字体的选择，有时是书写的方式。有的出版社会专门出版能满足这些偏好的书籍，注意选择那些被标记为“高－低”的书，也就是高趣味性、低难度的书籍，这样你就可以更轻松地阅读你感兴趣的内容。不要为难自己——阅读本来就应该是充满乐趣的！

ACTIVITY FOR THIS CHAPTER

本章活动

这里有一个好玩的办法可以帮你找到喜欢的书：

1. 你希望在故事中看到下面的哪些元素呢？

外星人或者怪物
一个令人毛骨悚然的事件
一个残酷的大反派
一个烦人的兄弟姐妹
魔法
一个神奇的幻想世界
一个复杂的家庭困境
友情遇到挑战
浪漫的爱情
一个年轻人最终成为英雄
一份主人公和小狗或者马之间的友情

2. 询问你的朋友（还有老师、图书管理员、家长），看看他们能想到哪些有这些元素的书籍。
3. 现在请图书管理员给你推荐更多的有这些元素的书，制作一份看起来很吸引人的书单。
4. 从书单里选择一本，开始阅读吧。

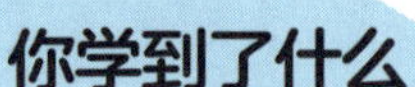

你学到了什么

书籍可以给你的大脑带来意想不到的益处。它们可以帮助你积累知识、词汇和新的想法，这些是显而易见的收获。还有一些不太明显的好处，比如提高自我价值感、心理健康和应对压力的能力。

很多人都喜欢阅读，但并不是所有人都喜欢，就像有的人喜欢运动，但是也有的人仅仅是因为身体的需要而做运动。在成千上万本书中，每个人都有喜欢的书，你只是需要找到它们。有很多人和网站都可以带你进入那个丰富的阅读世界。作者创作这些书就是为了让你和你神奇的大脑能爱上它们！阅读可以改变人生，也可以改变大脑，让它们也给你带来改变吧！

休息一下

要点前瞻

如果你一直让大脑辛苦地运转，它不会变聪明。工作当然很重要，休息和娱乐也能帮助你的大脑茁壮成长，这样你就可以继续让它好好工作并且享受生活了。

WHAT YOU NEED TO KNOW
你需要知道的知识

什么是休息

休息可以是做点别的事情，比如另一项任务或者另一件事情，又或者你可以做点喜欢的事情，然后神清气爽地回来。这两种选择都对你的大脑有好处。

在休息时做什么重要吗

有两种对大脑格外有益的事情可以在休息的时候做：

体育运动
面对面聊天

休息时你可以做任何喜欢的活动，只要它可以让你离开你的书桌和电脑屏幕。玩电脑游戏尽管很有趣，也很放松，但是你还得坐在电脑前，因此它并不是最好的选择。

休息可以帮助你学习

假设你有三项作业要做：学单词拼写、解决一项数学问题，以及查找关于月亮的知识。如果在学完单词拼写之后休息一下，你会把第二项和第三项作业做得更好，同时你也能更牢固地记住那些单词，是不是很神奇啊？

你可以休息很长时间吗

没问题！但休息的时间太长可能会让你做不完事情。花足够多的时间来做必须做的事情是很重要的，当你在“工作状态”时，你可不想打断那种状态。

但是如果你感觉很无聊，或者你根本不喜欢这件事情，你可能会想多休息一会儿。当你有这种感觉的时候，试着集中注意力，然后强迫自己聚焦在一个任务上。

倾听自己身体和头脑中的声音：如果你感觉神清气爽，做好了完成任务的准备，你的休息就已经很充足了。如果你感觉很疲惫，而且脑子也没有做好工作的准备，那么你很可能还需要多休息一会儿。有时候你需要推自己一把，但是不要过度。

神奇大脑冷知识

最好在工作之前吃早餐，而不是之后。如果你停止工作一小会儿，你的大脑还是会保持工作状态。等你回来继续的时候，你的理解能力和记忆力都会变强。

思考时，
你的大脑中到底在
发生什么？

能量！电流正在滋滋地通过你的大脑。有人推测是一种由电和化学物质组成的叫作神经传导物质的东西在帮助它们移动。如果你之前有过与之类似的想法，这条信息会沿着已经建立的神经连接移动。如果这是一个新的想法，那么它就会建立起新的神经连接。

放松对你的大脑有好处

就像你需要美味的食物、充足的睡眠和运动一样，你每天也需要适当地放松自己，这对你的大脑有好处。没有休息的话，你的身心健康会出问题，你的大脑也无法呈现出最好的状态。

笑大有益处

当你大笑的时候，你的大脑会释放内啡肽，这些自然的化学物质会让你感觉很好。试试看你能不能找到一件事让你每天至少笑一次。

放松 → 身心健康 → 成功 → 身心更加健康 → 放松

两种不同类型的压力

读过前面的内容后，你已经了解了我们对压力的反应。我们对压力有两种不同的感受。针对不同的需求，我们也需要不同的方式来放松。你或许会感受到焦虑带来的身体反应。举例来说，你可能会出现下面这些症状：

- 呼吸和心跳加速
- 出汗
- 那种“胃里翻腾”的感觉
- 感觉恶心或者头晕
- 头痛、胃痛或者胸闷

又或者可能一直有压力萦绕在你的心头，你可能：

- 在想着一场考试或者比赛，或者在全班面前发言
- 家里正在发生一些令人难过的事情
- 担心做过的事情
- 友情遇到了危机
- 担心未来会发生什么糟糕的事情

这取决于你感受到哪些类型的压力，你可能需要平静下来或者转移注意力来帮助你放松。

HOW TO USE THIS KNOWLEDGE
怎样把这些知识用起来

很多人都不需要别人来教他该如何放松，但是也有一些人需要点建议。

也许你是那种很难停下脚步的人，也许你在心情低落的时候没办法开心起来，也许你只是需要更多的想法。继续读下去吧！

选择你的放松方式

在下一页你会看到一些超棒的点子，但是这里我会先给你总结一些要点来帮助你选择。

在上一页，我说过面对压力我们有两种不同的应对方式。如果感觉到了压力在身体上的反应，你需要能让自己平静下来的方法。如果有一件很担心的事情，你需要转移注意力。这里有针对每一种压力的解决方案。

让你平静的

呼吸练习，例如“腹式呼吸”

泡澡或者冲澡

躺在草地上或者沙滩上

温和的游泳或者伸展运动

抚摸一只小宠物

任何简单和放松的事情

转移注意力的

一局激动人心的电子游戏

在电视上或者网上看点惊险刺激的东西

参加或者观看体育运动

任何你需要集中注意力做的事情

读一本引人入胜的好书

脑力开发小妙招

如果你已经持续很长时间一直在做一件事情，那么就该换另一种活动了。比如你已经为考试复习了好久，就可以停下来去踢会儿球或者烤个蛋糕，再回来继续的时候你会感觉这些事儿变得更容易了。你的大脑已经充满了电。

关注你的呼吸

焦虑感会影响我们的呼吸。你可以测试一下自己的呼吸是平静的，还是焦虑的。方法在这里：

1. 找个舒服的姿势坐着。
2. 把一只手轻轻放在你的胃上面，然后另一只手轻轻放在喉咙往下、胸腔上面。
3. 在你呼吸的时候，哪只手移动的幅度更大呢？

如果你下面的那只手移动的幅度更大，就说明你处在比较放松的状态。如果上面那只手移动得多的话，则意味着你处在焦虑或者警觉状态，这样持续一会儿你就会感到很疲惫。下一页的内容会向你介绍怎样随时让自己的呼吸平静下来。

通过腹式呼吸来放松

现在你可以尝试一下腹式呼吸。把注意力放在你的呼吸上，吸气的时候让肚子扩张、呼气的时候让肚子缩小变得柔软。你可以借助这个方法来放松整个身体：

1. 舒服地坐着或者躺着，尽量保证自己不会被打扰。
2. 花差不多 30 分钟的时间把注意力集中在呼吸上面：慢慢地吸气，让你的肚子变大，然后放松，接着呼气。每一次的呼气都要比吸气要长一点。
3. 现在，把注意力集中在你的脚趾头和脚上，让它们放松下来。感受到它们伴随着每一次呼吸变得越来越沉。同时继续进行腹式呼吸。
4. 把注意力放在你的小腿、膝盖、大腿上，再缓慢地沿着身体一直往上走，放松身体每一个部分的肌肉。当你的注意力到达脖子，就再走得慢一点，把注意力集中在你的后脑勺和头皮上，然后往下到你的额头、眼睛、脸颊、下巴、嘴巴。感受到每一个部分逐渐放松下来。

通过这样的练习，你的呼吸和心率会逐渐放缓，然后你就会感觉更放松了。如果你想多做一会儿，还可以继续做下去。这个练习也可以帮助你入睡。

正念

正念是一种冥想的方式，它会让你的身体和心智都保持镇定，聚焦在你正在做的事情的具体细节上。你需要很长时间的学习才能掌握它，但是这里有一些比较简单的方法你可以尝试：

吃饭时不要狼吞虎咽，而是慢慢地品尝食物的味道，留意食物在你嘴里的感觉，比如味道和口感。

仔细看你胳膊上的每一根汗毛。

只是静静地听，你能听到几种不同的声音？

拿一颗柠檬或者苹果，聚焦在它的味道、重量和果皮的质感上。

想一想你身体里的所有感觉，你的皮肤、你的脸庞、你的手指。

走路去学校的路上，注意看那些树木、房屋和路人。

摘一朵花，然后试着把它画出来。

捡一片树叶或者一朵花，然后仔细观察上面的纹路。

短暂的休息

在你工作的时候，工作一会儿就休息一下是比较好的。设置一个每小时响一次的闹钟来提醒自己停下手中的工作，休息 5～10 分钟来做下面的这些事情。

渴了吗？倒一杯加冰的水果茶吧。

饿了吗？来点零食吧：坚果、水果、葡萄干、饼干。

有没有只需要 5 分钟就能干完却一直没做的家务？把它解决掉吧！比如收拾床铺、叠衣服或者扫地。

随着你最喜欢的音乐翩翩起舞。

去散散步，呼吸一下新鲜空气。

到户外去深呼吸，感受空气充满肺部，在呼吸的时候让肚子放松。为你一直以来的勤奋努力感到骄傲吧。

这里有很多可以让你放松的方式，有的只需要几分钟时间。你还能想到别的方法吗？

深呼吸，散步，泡澡或者冲澡，烘焙或者做饭，制作东西，躺在草坪或者沙滩上，听音乐，做运动，看体育比赛，读书，画画或者涂鸦，闻一闻你最喜欢的味道，摸一摸宠物，大笑，玩游戏，做一张生日卡片，做瑜伽，去公园，跳舞，清理房间（要真的去做哦），播种，做一个雏菊花环，写一个剧本或者一首歌，欣赏美丽的东西并认真感受它，吃一个苹果并细细品味咬下去的每一口。

开怀一笑

在第 162 页你了解了笑对你的大脑是很有益处的，但是这在你感觉很沮丧的时候会变得很困难，又或者你天生就是一个严肃的人。那么怎样才能让你开怀一笑呢？

每个人都是不同的。想一想什么事可以让你笑起来：是哪本书、哪些视频、喜剧或者电视节目？在视频网站上你可以找到小宝宝吃柠檬、山羊发出像人类一样的尖叫声、会说话的狗和别的很多好玩的视频。你可以建一个收藏夹，想要笑的时候就去看一看。

你可能没听说过大笑瑜伽。了解一下吧，它是可以让你开怀大笑的体育运动。问问你的老师是否愿意和你们班的同学一起体验一下。

脑力开发小妙招

一个微笑就可以让你的大脑分泌内啡肽。现在试着挤出一个大大的微笑然后保持几秒钟，让笑容在整张脸上舒展开来，而不只是停留在嘴角。你发现了什么？是不是莫名其妙地感觉心情好了一点儿？

ACTIVITY FOR THIS CHAPTER

本章活动

把你最爱的休闲活动画成一张海报吧，你想怎样装饰它都行。下面有一些建议。

把它钉在墙上。之所以这样做是因为当你感觉疲惫的时候，你会忘记怎样让自己放松下来，这张海报会提醒你。

你学到了什么

休息是一个让你聪明的大脑良好运转的非常重要的方法。休息一会儿，可以让你在学习和工作时保持神清气爽，也可以帮助你消化学到的东西。充分的休息和娱乐是非常重要的。它不是奢侈品，而是保持身心健康的必需品。你需要选择适合你自己情况的休息方式，而且你也需要多笑一笑！

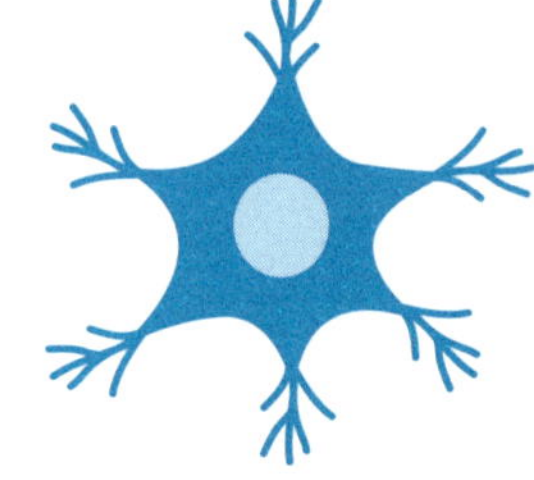

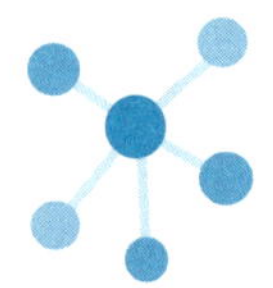

结语　你的大脑是无比神奇的

刚刚翻开这本书的时候，你是不是认为自己没办法控制自己的大脑？我希望你现在知道了其中有许多事情是可以控制的。你的大脑本来就很聪明，但是现在你拥有了让它变得更聪明的方法。

现在你知道了该如何在每一天的日常生活中充分利用所有机会，一点儿一点儿努力，一个神经元一个神经元地开发大脑。

谁也不能控制一切，但是你更需要关注那些能控制的事情，这些事情可不少！这本书分享了帮助你开发出聪明大脑的 10 件事情：

建立神经连接

高品质的饮食

让身体动起来

高质量的睡眠

享受友情

在糟糕的事情发生时保持韧性

保持好奇心

发挥你的创造力

在喜欢的书籍中获得宁静

休息和娱乐

从某种意义上讲，大脑就掌握在你的手中。照顾好它，它也会照顾好你。你能行的，好好运用它吧！

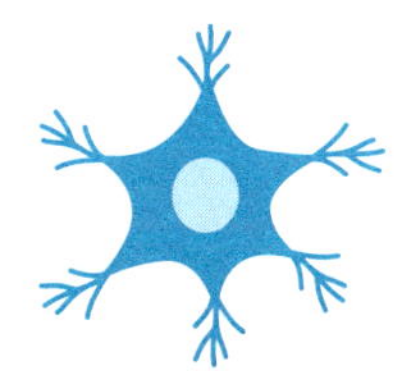

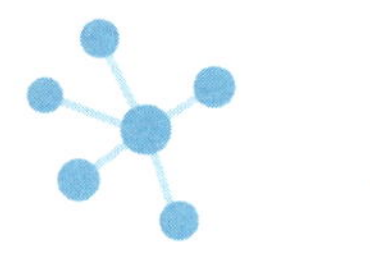

聪明大脑词汇表

树突 从神经元生长出的分支，使细胞能够形成连接网络并相互通信。

多巴胺 我把这种神经递质称为“让人无法拒绝的化学物质”，它是大脑奖赏系统的重要组成部分，能让人感觉良好。

内啡肽 大脑和神经系统释放的一种激素，有减压镇痛的作用，又叫作“让大脑快乐的化学物质”。

思维方式 一种思考方式或一套信念。人的思维方式经常会发生改变，并且会受到家人和朋友的影响。思维方式可以是积极的，也可以是消极的。

神经元 又叫作“神经细胞”，人的大脑和脊髓中有 8500 万 ~1000 亿个神经元。神经元之间的相互通信让人能够进行各项活动。

神经递质 帮助信息在神经元之间传递的大脑化学物质。神经递质的种类很多，每种都有其不同的功能。

加工 大脑接收和处理信息并将其移动到恰当的大脑区域的过程。当你在看、听、闻、摸、读的时候，大脑一直在处理接收来的无数信息并据此做出决策或表现出恐惧、喜欢、逃避等情绪的过程。

连接 神经元如何彼此连接。首先，你的大脑以符合人类大脑生理构造的方式连接。其次，你的大脑以与你个人相关的方式连接，因此你的思考、感受和行为不完全与其他人相同。而且，你的大脑也在不断变化——重新连接。你所经历的一切都会改变大脑中的某些连接。

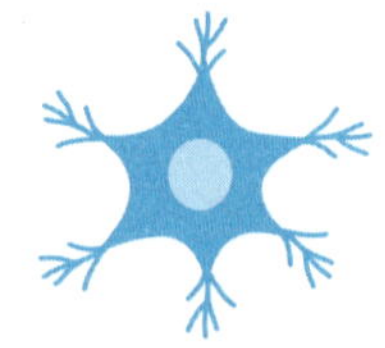

未来，属于终身学习者

我们正在亲历前所未有的变革——互联网改变了信息传递的方式，指数级技术快速发展并颠覆商业世界，人工智能正在侵占越来越多的人类领地。

面对这些变化，我们需要问自己：未来需要什么样的人才？

答案是，成为终身学习者。终身学习意味着永不停歇地追求全面的知识结构、强大的逻辑思考能力和敏锐的感知力。这是一种能够在不断变化中随时重建、更新认知体系的能力。阅读，无疑是帮助我们提高这种能力的最佳途径。

在充满不确定性的时代，答案并不总是简单地出现在书本之中。“读万卷书”不仅要亲自阅读、广泛阅读，也需要我们深入探索好书的内部世界，让知识不再局限于书本之中。

湛庐阅读 App：与最聪明的人共同进化

我们现在推出全新的湛庐阅读App，它将成为您在书本之外，践行终身学习的场所。

- 不用考虑“读什么”。这里汇集了湛庐所有纸质书、电子书、有声书和各种阅读服务。
- 可以学习“怎么读”。我们提供包括课程、精读班和讲书在内的全方位阅读解决方案。
- 谁来领读？您能最先了解到作者、译者、专家等大咖的前沿洞见，他们是高质量思想的源泉。
- 与谁共读？您将加入优秀的读者和终身学习者的行列，他们对阅读和学习具有持久的热情和源源不断的动力。

在湛庐阅读App首页，编辑为您精选了经典书目和优质音视频内容，每天早、中、晚更新，满足您不间断的阅读需求。

【特别专题】【主题书单】【人物特写】等原创专栏，提供专业、深度的解读和选书参考，回应社会议题，是您了解湛庐近千位重要作者思想的独家渠道。

在每本图书的详情页，您将通过深度导读栏目【专家视点】【深度访谈】和【书评】读懂、读透一本好书。

通过这个不设限的学习平台，您在任何时间、任何地点都能获得有价值的思想，并通过阅读实现终身学习。我们邀您共建一个与最聪明的人共同进化的社区，使其成为先进思想交汇的聚集地，这正是我们的使命和价值所在。

图书在版编目（CIP）数据

原来，变聪明这么简单！/(英)妮古拉·摩根著；(菲)里莎·罗迪尔绘；李若辰译. -- 杭州：浙江科学技术出版社，2023.12
ISBN 978-7-5739-0911-4

Ⅰ.①原… Ⅱ.①妮… ②里… ③李… Ⅲ.①脑科学—普及读物 Ⅳ.① Q983-49

中国国家版本馆 CIP 数据核字（2023）第 218088 号

书　　名　原来，变聪明这么简单！
著　　者　[英] 妮古拉·摩根
绘　　者　[菲] 里莎·罗迪尔
译　　者　李若辰

出版发行　浙江科学技术出版社
地址：杭州市体育场路 347 号　邮政编码：310006
办公室电话：0571－85176593
销售部电话：0571－85062597
E-mail:zkpress@zkpress.com
印　　刷　唐山富达印务有限公司

开　　本　880 mm×1230 mm　1/32　　印　　张　5.75
字　　数　138 千字
版　　次　2023 年 12 月第 1 版　　印　　次　2023 年 12 月第 1 次印刷
书　　号　ISBN 978-7-5739-0911-4　　定　　价　79.90 元

责任编辑　柳丽敏　　责任美编　金　晖
责任校对　李亚学　　责任印务　田　文